LE RUCHER.

Art nouveau de gagner, sans peine, assez d'argent
pour vivre et secourir encore l'indigent!

TRAITÉ PRATIQUE.

PAR

J. Auguste MARCELLIN,

(Des Hautes-Alpes).

Ayant obtenu six médailles à diverses expositions.

AVEC UNE LETTRE

DE M. Aphonse KARR,

AUQUEL L'OUVRAGE EST DÉDIÉ.

Prix : 2 fr. 50.

AIX (en Provence),

CHEZ L'AUTEUR, QUARTIER St-LAZARE, 5,
à côté de l'Abattoir.

ET CHEZ TOUS LES LIBRAIRES QUI EN FERONT
LA DEMANDE.

LE
RUCHER.

DÉDIÉ

A MONSIEUR ALPHONSE KARR.

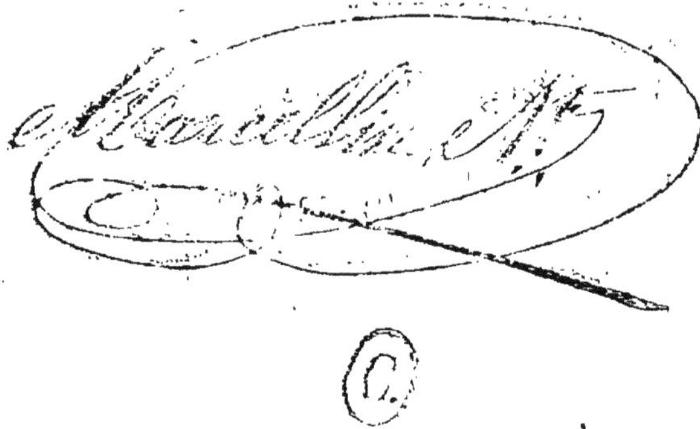

LE RUCHER.

Art nouveau de gagner, sans peine, assez d'argent
pour vivre, et secourir encore l'indigent !

TRAITÉ PRATIQUE.

PAR

J. Auguste MARCELLIN,

(Des Hautes-Alpes).

Ayant obtenu six médailles à diverses expositions.

AVEC UNE LETTRE

DE M. Aphonse KARR,

AUQUEL L'OUVRAGE EST DÉDIÉ.

Prix : 2 fr. 50.

AIX (EN PROVENCE),

CHEZ L'AUTEUR, QUARTIER St-LAZARE, 5,
à côté de l'Abattoir.

ET CHEZ TOUS LES LIBRAIRES QUI EN FERONT
LA DEMANDE.

1866

Aix, le 1er mars 1866.

A Monsieur Alphonse Karr,

Monsieur,

J'ose prendre la liberté de vous demander si vous voulez bien accepter la dédicace de mon rucher. Pourrai-je faire un choix plus naturel! n'êtes-vous pas, au monde, le seul homme qui faites, à la fois, fleurir la littérature et les jardins? et ne devais-je pas, guidé par l'admiration et la reconnaissance, m'adresser à vous, puisque vous nourrissez en même temps mon esprit, mon cœur et mes abeilles.

N'êtes-vous pas, aussi, mon maître dans la carrière où je cours! moi j'ai tout simplement fait produire à mes élèves plus de miel que n'en obtenaient nos ayeux. Mais vous, Monsieur, vous avez été beaucoup plus habile que moi, puisque vous êtes parvenu à convertir le venin de la guêpe elle-même en un miel plus doux, plus salutaire que celui de mes abeilles, et au moyen duquel vous guérissez les plaies morales dont notre pauvre humanité est si cruellement affligée! grâces vous soient rendues pour cette sublime transformation!

Je mets sous votre protection immédiate ces pauvres filles du ciel dont la colonie de Cecrops introduisit la race sur le mont Hymète au

XIVme siècle avant l'ère chrétienne. Votre nom seul, placé en tête de cet opuscule, sera une nouvelle ruche, supérieure à la mienne, et dans laquelle mes abeilles seront désormais et pour toujours à l'abri des injures du temps !

Pour appuyer ma demande, je vous enverrai bientôt, en députation, mon premier essaim sortant, qui sera renfermé dans ma ruche à trois boîtes avec une deuxième vide destinée à recevoir le nouvel essaim qui jaillira, un mois environ après l'arrivée, (le tout renfermé dans un petit rucher.)

Veuillez faire bon accueil à cette jeune colonie qui sera heureuse et fière d'aller butiner, sous le plus beau ciel de la France, sur les fleurs écloses par les soins du seul grand écrivain, puisant ses inspirations dans la nature, aussi versé dans la culture des jardins que dans celle des belles-lettres !

Avec quel plaisir ces abeilles, plus heureuses que leur maître actuel, verront l'auteur de ces *tilleuls* dont elles aiment tant les bouquets parfumés !

Veuillez agréer, Monsieur, l'hommage de mon opuscule et de cette profonde estime due aux frondeurs spirituels et éloquents des abus, et aux ardents défenseurs de la morale et des droits des peuples.

J. A. MARCELLIN.

Monsieur Marcellin, a Aix.

Nice, 15 mars 1866.

Monsieur,

La perfectibilité humaine est une chimère, ou il viendra un jour, où les hommes ne seront plus assez bêtes pour donner le premier rang dans leur admiration à ces fous furieux, appelés conquérants, moissonneurs de lauriers, cueilleurs de palmes, etc., et rendront justice aux hommes utiles comme vous, Monsieur, aux bienfaiteurs de l'humanité; il viendra un jour, où ils cesseront de préférer ceux qui les tuent à ceux qui les nourrissent!

En attendant, Monsieur, je suis heureux de serrer la main d'un homme dont les travaux et leurs succès m'étaient déjà connus; et s'il en est encore temps, malgré le retard de ma réponse causé par une absence, je serai heureux et fier de votre dédicace.

Seulement un peu plus de ménagements à la modestie qu'on est convenu de faire semblant d'avoir! Toutefois vous avez constaté, et peut être avec raison (ce dont je serai orgueilleux), que mes *guêpes* sont d'une espèce qui a su faire un peu de miel, c'est-à-dire, su mêler le remède au mal!

Je vous remercie de vos bonnes intentions ; je suis très-heureux et très-fier d'être compté dans le nombre des hommes de bon cœur et de bon sens qui demandent à la nature et à la terre, et non à l'intrigue et à la rapine.

En retour de votre députation d'abeilles, je vous adresserai quelques volumes de mon modeste rucher d'auteur.

Salut cordial.

Alph. KARR.

PREMIÈRE PARTIE.

—

Voici le gouvernement sur lequel doivent se modeler toutes les sociétés modernes; il est évident que c'est dans ce but que Dieu l'a créé; les mouches à miel sont l'insigne de l'ordre et du travail; voilà aussi pourquoi Napoléon 1er remplaça sur son manteau impérial les fleurs de lys par les abeilles, qui lui servirent d'épigraphe. S'il n'avait été contraint à des guerres successives et interminables il aurait eu le temps de réaliser son programme de paix et de faire de la France une ruche féconde en produits agricoles. Mais si quelques souverains ont légèrement dévié de cet esprit d'initiative, ils se hâteront, peut-être, de rentrer dans la bonne voie dès qu'ils auront lu ce petit livre et reconnu que le meilleur gouvernement est celui qui fait vivre le peuple à bon marché, celui où les ouvriers producteurs sont justement rétribués, où il n'y a pas de sinécure, où les fainéants sont exclus de la société, où les travailleurs seuls sont citoyens, où le produit suffit pour nourrir les familles et l'Etat avec un excédant, en denrées d'exportation, qui favorise les échanges de nation à nation. Cet opuscule tendant vers ce but sera donc envoyé à l'Empereur de la Chine qui en fera part à celui du Japon et de la Cochinchine.

De plus en plus, les récoltes de nos champs deviennent incertaines, soit par l'effet des intempéries des saisons, soit par l'augmentation du prix de la main d'œuvre due à la marche ascendante du luxe, soit enfin, par la raison que, faute de capitaux suffisants la petite culture ne peut plus lutter contre la grande, qui emploie les instruments nouveaux aratoires d'une perfection merveilleuse et prend les proportions de véritable manufacture agricole.

Comment opposer une barrière à cet envahissement de la haute culture qui ressemble un peu à celui des grands confectionneurs d'habits réduisant le petit tailleur à faire du raccommodage! Il n'en existe qu'un seul; c'est de joindre à la culture rurale, une ou plusieurs industries capables d'augmenter le revenu, afin de pouvoir satisfaire aux droits des ouvriers, des compagnies d'assurance à ceux du fisc et à la tyrannie du luxe qui envahit nos campagnes avec la rapidité de l'avalanche, après avoir jeté la corruption dans nos villes.

Celui qui pourra joindre une distillerie à ses cultures est dans le cas de sortir d'embarras, car il aura des pulpes de betteraves, de maïs et de topinambour pour nourrir et élever du bétail et produire à bas prix des fumiers abondants destinés à doubler la fertilité du sol. Mais là, il faut encore l'appui d'un assez grand capital ; et tout cultivateur ne l'a pas ; eh bien ! cherchons une autre industrie exigeant peu de mise de fonds et peu de ce temps si précieux qui a plus de valeur que l'or lui-même. Je parlerai tout simplement d'un petit animal plus intelligent, plus travailleur que tous les autres, donnant très peu de peine à soigner, qui produit beaucoup, et souvent assez pour sauver un fermier ou un propriétaire des crises qu'engendrent le bas prix des récoltes en céréales, la grêle, le gel, ou l'excès de sécheresse.

C'est de l'abeille (trop peu étudiée jusqu'à ce jour, trop peu appréciée) que je vais entretenir mon lecteur; je dirai peu de mots sur les circonstances qui m'ont amené aux résultats signalés dans ce petit livre destiné aux enfants et aux hommes auxquels il offrira des points très curieux de moralité, outre la question pécuniaire qui sera résolue.

Je suis né d'une famille de cultivateurs dans la commune de la Roche des Arnauds (Hautes-Alpes). Je fus chargé, dès ma plus tendre enfance, par mes parents de surveiller le vol des essaims s'élançant de nos ruches. J'étais récompensé avec une tartine de miel, quand j'avais réusi à les arrêter et à les faire poser sur un arbre voisin. Je trouvai cet aliment si délicat que je pris goût à étudier les ruches, et que je m'accoutumai à regarder les abeilles comme membres de ma famille, puisqu'au lait maternel elles avaient fait succéder, à mon profit, un lait plus doux encore ! L'abeille me sembla dès lors une seconde mère ! Je la considérai aussi comme mon médecin, car on m'administrait le miel joint à de la tisanne de violette ou de mauve quand j'étais enrhumé, ou frappé des quintes atroces de la coqueluche; ou quand j'avais les intestins embarassés; de là vint cette passion qui, depuis plus de vingt ans, a envahi tout mon temps, et m'a conduit à perfectionner les travaux de mes prédécesseurs dans l'art si négligé de l'apiculture. Je dois ajouter qu'une partie de ma réussite provient de ce qu'ayant travaillé plus tard dans la menuiserie j'ai pu, à force d'essais manuels, perfectionner les instruments et créer un nouveau système de ruches qui apportera de grandes améliorations dans l'art apicultural.

Je me suis livré à ce travail avec d'autant plus de plaisir que j'ai entrevu la possibilité d'augmenter de beaucoup la production sur notre sol de substances précieuses. Eh! d'abord qui pourrai nier l'utilité, la nécessité de l'emploi du miel, qu'on soit malade ou bien portant? ne provient-il pas de l'essence des fleurs; ne forme-t-il pas un dessert savoureux, nourrissant, qui facilite puissamment dans l'estomac la digestion des autres aliments! Le sucre échauffe le corps; le miel le rafraîchit. Il est très avantageux comme remède dans les

fièvres et toutes les maladies inflammatoires
de la gorge et de la poitrine; le sucre n'est
que le produit d'une plante, de la canne ou
de la betterave; le miel provient de l'élabo-
ration de mille fleurs différentes dont chacune
a souvent une vertu médicale. Aussi le *Codex*
pharmaceutique en fait-il de nombreuses
prescriptions! et c'est avec raison; car la fièvre
est le précurseur ou le compagnon de toute
altération du sang et arrête les fonctions du
corps. Les évacuations sont suspendues! Et
vous administrez, par le haut, le sucre si
échauffant, quand il faudrait donner au malade du miel et par le haut et par le bas! et
tout cela parce que vous, cultivateurs ou pos-
sesseurs d'un jardin, vous n'avez pas eu le
soin de disposer quelques ruches dans un
abri voisin de votre foyer domestique! Vous
envoyez, au pas de course un émissaire au
village voisin, quand une ruche chargée de
miel devrait être, presque, sur le seuil de
votre porte! car sachez-le bien, cette ruche,
c'est le buffet du dessert; mais c'est en même
temps, une pharmacie toujours ouverte, et de
plus elle est environnée de plantes salutaires

qu'il ne s'agit que de joindre à son produit.
Le plantain, le senneçon, la mauve, la gui-
mauve, le chiendent, la violette sont là,
placés près de vous pour vous dispenser d'aller
chercher le médecin, qui arrive, souvent,
trop tard ; ou qui ne peut deviner la maladie
que vous auriez pu prévenir avec une poignée
d'herbes et une tasse de ce miel si adoucissant!
Le miel, nouveau protée, n'est pas seulement
un remède où un aliment ou un dessert, à
son état naturel! associé à l'amande ou à la
noix ou à la noisette, il se transforme en
nougat succulent qui vaut tout ce que l'art du
confiseur compose de plus exquis ; associé à
la farine de seigle il se convertit en délicieux
pain d'épice, aliment sain, laxatif et nourrissant. Si vous allez dans la Haute-Savoie
où sont de bons ruchers, quoique grossiè-
rement faits, dans l'une des trois grandes
vallées de Chamouny, de Contamine ou de
Mégève qui jettent sur les pieds du Montblanc
une vaste ceinture de fleurs, on ne vous offrira
guère d'autres mets que le miel, le lait et du
fromage ; c'est, là, la seule nourriture avec
de la viande salée ; mais on ne s'y porte pas

moins bien qu'à Paris; et les médecins n'y font pas fortune. Ainsi, vous, dont les fonctions sont difficiles, retardataires, mettez vous à l'œuvre ! constituez des rûches, soignez vos abeilles et vous vivrez 10 ans de plus. Oh! ce n'est pas sans raison que les poëtes ont appelé les abeilles, les filles du Ciel! Eh ! sans aucun doute l'ambroisie qu'Hébé servait à la table des anciens dieux n'était que le miel, aux rayons d'or, du célébre Mont Hymète ou du Mont Ida!

Je dirai peu de mots de la cire, ce produit si précieux pour l'éclairage, malgré la concurrence terrible que lui font le pétrole et le schiste et le suif purifié; mais qui d'après les canons de l'Église Romaine doit seule brûler sur les autels des temples chrétiens; c'est toujours un produit d'un prix élevé, car il atteint en ce moment, celui de 450 f. les 100 kilogrammes.

Enfin voilà deux objets de commerce importants à joindre à ceux provenants de nos cultures et qui doivent être considérés moins comme coûtant du travail et de la fatigue que comme un délassement. A la campagne l'oisiveté est un véritable et dur esclavage surtout pour des dames peu habituées à des exercices pénibles et à poursuivre le gibier dans les montagnes avec leurs maris; eh bien l'ennui se fond en présence d'un rucher comme la cire devant le feu. Les dames au lieu de se mirer (souvent un peu trop de temps, et par distraction)! dans une armoire à glace, iront réfléter leur beauté dans les vitres d'une ruche; puis elles verront les abeilles s'agiter, sortir, revenir chargées du pollen dont elles font la cire, et du nectaire ou suc dont elles font le miel. Ce pollen est-il blanc, il vient d'une mauve, est-il brun, il a été cueilli sur une tulipe, jaune oranger, il provient de la fleur du melon, etc. Puis devant ces travaux admirables, femmes, conduisez vos jeunes enfants tenant en main la fable de la Fontaine du Laboureur et de ses enfants; et vous leur direz : « *Travaillez et prenez de la peine, c'est le fond qui manque le moins;* Imitez ces insectes qui travaillent sans cesse pour eux, et pour vous ! profitez de cet exemple; ne restez jamais oisifs quand vous serez grands et que vos labeurs profitent toujours aux autres en même temps qu'à vous ! »

Oui, je voudrais qu'au lieu des beaux discours qu'on tient aux enfants dans les écoles sur l'amour du travail, et qu'ils écoutent si peu, (car ils ne songent qu'à jouer sur tout et partout) on dressa dans les cours de récréation un petit rucher à vitre, et qu'on leur montrât le travail si actif, si intéressant de l'abeille. L'enfant s'amuserait tout autant qu'au jeu de barre où il risque de se faire une entorse ou d'attraper une pleurésie; et il assisterait à un cours de morale sans s'en douter. Oui l'abeille travaille sans relache par un beau temps, et même le dimanche, (ce qui n'est pas très chrétien), mais qui oserait la blâmer de ne pas prier Dieu un jour férié, puisqu'un vieux proverbe nous dit; Qui travaille prie.

Je ne puis comprendre que les payens, qui avaient élevé des temples aux symboles de tout ce qui était bon ou agréable, même jusqu'au Dieu *Stercorus*, n'aient jamais eu la pensée d'en consacrer un aux abeilles qui produisent ici-bas ce qu'il y a de plus doux, de plus sain et de plus parfumé! Ainsi donc nous allons exposer les mœurs des abeilles à l'effet de nous mieux amener à comprendre nos procédès dont le programme est le suivant. Le meilleur système est celui qui offre les avantages : 1° de conserver la vie des abeilles au lieu de les étouffer par suite d'une barbarie, enfant de l'ignorance; 2° de faciliter la formation des essaims en les empêchant de s'échapper de la ruche, ou de mieux faciliter leur reprise, si l'essaim est sorti; 3° à combattre le mieux les ravages qu'engendrent les mauvais temps, et les animaux nuisibles; 4° Enfin à produire à moins de frais possibles, le plus de miel et de cire. J'ai déjà provoqué la formation de plusieurs ruchers, qui offrent les plus belles espérances; il s'en créera de nombreux, je l'espère; j'aurai la satisfaction d'avoir coopéré à leur établissement, et j'aurai fait un peu de bien ici-bas, j'aurai peut être créé une carrière nouvelle dans l'industrie agricole!

Des trois espèces d'Abeilles.

Dans une ruche naissent trois sortes d'abeilles.

1° La Reine-mère qui engendre toutes les autres et les gouverne.

2° Le mâle ou faux bourdon qui féconde la Reine, et qui se nomme ainsi à cause du bruit qu'il fait en volant.

3° Enfin l'ouvrière, ou abeille neutre, nom qui lui est donné parce qu'elle n'engendre pas, et à laquelle on doit tous les travaux et les produits de la ruche.

Les mâles sont dans un 1er essaim au nombre de deux à trois mille; les neutres de vingt à trente mille; et il n'y a jamais qu'une Reine; c'est celle qui a gouverné la ruche avant la sortie de l'essaim.

Dans les seconds essaims, il y a toujours moins de neutres, et il s'y trouve un très grand nombre de bourdons, ainsi que plusieurs reines dont le nombre varie jusqu'à douze et même quinze. La reine est plus allongée que les neutres; les anneaux de son abdomen qui sont ou nombre de 5, sont plus espacés et présentent une série de bandes noires et jaunes dont l'emssemble forme une couleur bronzée; ses pattes sont, comme le reste de son corps, plus effilées que celles des neutres;

Ses ailes paraissent plus courtes en raison de sa longueur qui est presque le double de celle de l'abeille ouvrière. Avant de faire l'exposition de mon système, je crois nécessaire de dire quelques mots sur les diverses formes de ruches qui ont été mises en usage jusqu'à ce jour, afin que chacun puisse juger des améliorations qui se trouvent réalisées dans les appareils que j'ai perfectionnés et dont je me sers avec un grand succès depuis plusieurs années. Ces formes ont été si variées qu'il serait trop long de les désigner toutes, je me contenterai de citer les trois qui m'avaient paru les plus remarquables, et dont j'avais fait les essais avec soin. C'est par suite de ces études pratiques que je suis arrivé à adopter la ruche qui porte mon nom et qui figure sur la planche;

Système de Beauvoys.

Ce système qui a fait tant de bruit à son apparition et qui a fonctionné à la grande exposition de 1851 à Versailles devant l'Em-

pereur (alors Président de la République) et
que je me suis empressé de mettre en usage,
avait les inconvénients que je vais signaler,
quoique je reconnaisse, avec satisfaction, que
sa ruche contenait des progrès réels et surtout celui de pouvoir enlever un rayon
sans en faire couler une goutte de miel, et
remettre dans la ruche le cadre contenant la
partie de rayon qu'on avait jugé à propos de
laisser. Mais elle présentait plusieurs inconvénients, 1° les abeilles passaient un temps
considérable à induire ces chassis ou cadres
avec la cire végétale nommée propolis, (ce
qui est le premier travail dans leur nouvelle
demeure). C'était une perte réelle de temps
pour les abeilles, surtout dans ces longs jours
de printemps qui leur offre la plus abondante
récolte comme aussi pour l'apiculteur une
perte d'argent. Ce système de cadre d'ailleurs
rendait les opérations trop longues et plus
difficiles à s'accomplir.

2° Dans la taille des ruches, comme nous
le dirons plus tard, M. de Beauvoys enlevait
bien en entier le rayon, mais aussi il enlevait
tout ce qui s'y trouvait joint, le miel et en

même temps le couvain qu'il faut conserver avec le plus grand soin, puisqu'il renferme le germe de la colonie. S'il enléve le couvain, celui-ci est perdu; s'il le laisse, ce rayon contenant ce couvain viellit et se détériore, et l'auteur retombe dans l'abus des anciens systèmes que nous signalerons bientôt, dans l'explication de la taille des ruches du Dauphiné, c'est-à-dire que chaque année il se trouvera dans le même cas; cette partie du rayon sera exposée à vieillir dans la ruche et à exhaler une odeur nuisible à la colonie, ce qui peut engendrer des maladies, sert d'aimant aux papillons de fausses teignes et porte souvent les abeilles à la désertion. Enfin, 3° la raison qui nous a porté à réformer la ruche de M. de Beauvoys, c'est que les fausses teignes se glissant entre les montants des cadres et les parois de la ruche, il devenait impossible aux abeilles de leur faire la chasse. Le mal devenait si grave que l'apiculteur se trouvait obligé de désorganiser sa ruche en entier, ce qui amenait la destruction complète de la colonie.

DEUXIÈME SYSTÈME

De M. Jean-François Roux.

Parmi les diverses formes de ruches indiquées par cet apiculteur, celle qui m'a paru la plus avantageuse, a été sa ruche cylindrique eu paille à trois compartiments ou hausses qui offre aussi la possibilité de faire des essaims artificiels au moyen de la division de ses trois étages.

Cette ruche est excellente, en ce qu'elle éloigne des abeilles le froid et l'humidité. Mais elle a l'inconvénient de ne pouvoir résister aux ravages des souris ainsi que d'autres animaux rongeurs que le miel attire si facilement ! d'ailleurs à cette ruche on ne peut appliquer ni vitres ni angles droits qui facilitent à l'apiculteur la surveillance des ruches et l'enlèvement de la récolte. Enfin cette ruche, par sa partie supérieure, à cône, ne pouvant être changée et recevoir des hausses superposées, offre un inconvénient grave résultant de ce que les abeilles ont l'habitude de construire en allongeant leurs gâteaux au-dessous, et qu'elles se décident très difficilement à construire au-dessus. On confrontera cet inconvénient avec le rôle que joue le couvercle mobile de ma ruche que je vais décrire bientôt, et dont je suis l'inventeur.

TROISIÈME SYSTÈME

De Mirbec.

Cette ruche est celle des trois qui se rapproche le plus de la mienne en raison de ses hausses et de ses liteaux triangulaires. Mais sa fermeture, un peu trop compliquée, est un grand obstacle à son adoption. Elle a deux tiges montantes qui reçoivent les clefs de chaque étage ou hausse; ces tiges s'opposent à ce qu'on puisse adapter sur la ruche une couverture destinée à l'abriter du mauvais temps, lorsque cette ruche n'est pas complète c'est-à-dire lorsque elle n'a pas ses trois hausses. Sa partie supérieure en pente et clouée, renferme les mêmes inconvénients que la ruche à cône de J. F. Roux.

Après avoir décrit ces trois ruches que j'ai étudiées avec soin et que j'ai trouvées supérieures à une foule d'autres, j'arrive à faire connaître la mienne en description et en dessin; il sera facile de reconnaître, d'après ce qui précède, de combien elle est supérieure aux trois autres. Ma ruche se compose de trois compartiments ou hausses égales et superposées l'une sur l'autre, fixées ensemble par des clefs à entaille, en forme de queue d'hirondelle (fig. 6).

La partie supérieure de chaque hausse est garnie de huit liteaux triangulaires éloignés l'un de l'autre de leurs angles vifs de trois centimètres et trois millimètres.

Le couvercle est mobile; il est destiné à être appliqué à chacune des hausses, à tour de rôle, comme on le verra à la description des récoltes, dans l'opération des essaims artificiels et de la réunion des ruches faibles; sa fermeture offre une très grande solidité malgré sa simplicité.

Nous donnons pour garantir cette ruche (destinée à être placée en plein air,) des intempéries des saisons pendant 15 ou 20 ans, d'abord deux bonnes couches de peinture à l'huile; puis nous établissons une banquette en bois ou en pierre de la hauteur de 20 ou 30 centimètres au-dessus du sol pour la préserver de l'humidité; c'est sur cette banquette que nous plaçons nos ruches; et en dessus nous posons une toiture mobile et à bascule, à la hauteur de 40 à 50 centimètres au-dessus des ruches, à l'effet que l'apiculteur ne soit pas gêné dans les mouvements que nécessitent les opérations, et que l'air circule facilement au-dessus et tout autour des ruches.

Cette toiture (fig. 7) pourra être faite en paille ou en bois léger goudronné ou recouvert d'un carton bitumé, à seule fin que les ruches soient à l'abri des pluies. En formant cet abri on préserve les ruches, et on assure la santé des colonies.

De quel côté qu'on fasse pencher la toiture il faut avoir soin de lui donner 40 centimètres soit en arrière, soit en avant des ruches, afin de pouvoir, au printemps, obtenir le soleil en faisant pencher la toiture en arrière, soit pour ombrager les ruches au moment des chaleurs en la faisant pencher en avant.

Voilà ma ruche établie pour les personnes qui veulent dépenser le moins possible. Il en est une autre; la ruche vitrée qui nécessite une légère dépense de plus, mais qui devient un objet d'agrément autant que d'utilité; je suis obligé de construire en bois des ruchers (fig. 2), pouvant contenir un nombre indéterminé de ruches, mais qui se borne à 20 ou à 24.

Un rucher en bois coûte environ 10 fr. par ruche, si le nombre de celles-ci s'élève au-dessus de 16; au-dessous le prix serait un peu plus élevé, car la main d'œuvre est la même. Ce rucher étant mobile, peut être transporté à toute distance. Ce prix, ainsi établi, comprend la ruche formée de ses trois hausses, ainsi que le rucher.

Ce rucher en forme de placard est fermé par des volets à charnière du côté du Nord, côté par lequel on voit à travers le vitrage, travailler les abeilles. Sa hauteur est de 1 m. 80 cent. du côté de la sortie des abeilles, ou du midi, ayant une élévation nécessaire à l'écoulement des eaux du côté du Nord. Le placard est divisé en deux parties par une tablette solidement établie avec arc-boutant, afin que celle-ci puisse soutenir le poids du nombre des ruches qu'elle doit supporter, ce qui naturellement fait que le rucher contient deux rangs de ruches superposées. Le placard doit être établi sur six ou huit pieds qui s'élèvent au-dessus du sol de 20 à 30 cent. Par ce moyen, nous préservons le rucher de l'humidité, et de plus, en environnant le tour des pieds de fleurs de soufre ou de goudron, nous garantissons le rucher contre une foule d'ennemis que ces substances détournent de leurs attaques.

Ce système convient parfaitement aux petites exploitations apiculturales; mais dans les grands établissements nous pratiquons de vastes ruchers en maçonnerie dans lesquels on peut placer jusqu'à cent ruches et au-dessus; il y a alors une grande économie, vu que le rucher étant établi dans des conditions solides et durables, les dépenses d'entretien deviennent presque nulles; il est évident de plus que les opérations se simplifient puisqu'on n'a plus besoin de clef ni de volet pour couvrir les vitres, car l'éclat du jour nuit au travail des abeilles. Il est bon d'ajouter que c'est un moyen de tenir les abeilles fraiches en été, et de les préserver du froid pendant l'hiver. Mais comme l'humidité des bâtisses fraiches nuit aux abeilles (fig. 1), il est nécessaire de construire ce rucher, au moins six mois avant de le garnir de ruches.

Il est indispensable d'avoir une porte à chaque extrémité du rucher, afin que l'apiculteur puisse circuler, observer les travaux des abeilles, et renouveler l'air de temps en temps selon l'état de l'atmosphère, et introduire du jour pour l'éclairer et le faciliter dans ses observations.

Et pour cela, si le couloir est d'une certaine longueur, comme le jour venant par les portes ne suffirait pas, on réserve l'emplacement d'une ruche pour une croisée à tous les 5 mètres 60, dans le rang supérieur seulement, si toutefois le rucher n'était pas adossé à un côteau trop élevé ou à un mur soutenant un terrain ; il serait alors préférable de pratiquer ces croisées du côté Nord.

En temps de grande chaleur comme en temps d'humidité, il est nécessaire d'ouvrir les portes du couloir, et de poser à l'intérieur un rideau à tringle, d'une couleur foncée, à l'effet d'obstruer la trop grande clarté du jour, sans toutefois gêner le passage de l'air.

De la dimension nécessaire au placement des ruches en bâtisse.

Il faut 10 centimètres de distance d'une ruche à l'autre, afin que l'apiculteur puisse manipuler chaque ruche sans ébranler les voisines.

Ma ruche porte 30 centimètres au carré; il en résulte qu'avec les 10 centimètres d'intervalle entre une ruche et l'autre, il faut 40 centimètres de place à chaque ruche.

Quant à la largeur, il faut que le tablier sur lequel repose la ruche dépasse celle-ci de 5 centimètres pour qu'il y ait une certaine marge qui facilite le placement des ruches;

puis il faut une baguette (servant de cale) de 2 centimètres carrés, posée entre la cloison et la ruche, afin de pouvoir amortir la trop grande chaleur que la brique de la cloison pourrait communiquer à la ruche. Cette disposition permet d'ailleurs, d'établir un courant d'air, qui circule autour de celle-ci.

L'ouverture par où doivent passer les abeilles sera pratiquée dans l'épaisseur du tablier, et au milieu de l'emplacement sur lequel repose la ruche, et doit avoir horizontalement 12 centimètres de longueur sur un d'épaisseur. Elle communiquera au dehors avec un petit parapet de 5 à 6 centimètres, et au niveau de la profondeur de cette entaille, à l'effet que l'abeille puisse se poser, et se reconnaître avant d'entrer dans son domicile. ce repos lui permet de vérifier si elle ne se trompe pas de ruche.

Il est surtout essentiel de mettre sur le parapet où se reposent les abeilles pour entrer, une petite séparation avec un fragment de moëllon (coupé en triangle), ce qui empêche les abeilles de communiquer à l'extérieur, de se chercher querelle, ce qui arrive quelquefois, à l'approche de la sortie des essaims.

Mangeoire (Fig. 9).

Une des additions les plus importantes, que j'ai fait dans l'art de l'apiculture, consiste à pouvoir donner de la nourriture aux abeilles, en hiver, et parfois en été, car en temps de sécheresse (qui se prolonge beaucoup trop longtemps dans le midi), la colonie ne trouve presque plus de fleurs à butiner, et souffre de la faim.

C'est dans ce but que j'ai imaginé de composer une mangeoire consistant en une assiette ronde en plomb ou en terre, percée par un trou (de même calibre que celui du couvercle de ma ruche) à son milieu, mais dont les bords se relèvent au centre à 25 millimètres et à 35 millimètres de hauteur à l'extérieur, à l'effet de retenir le liquide miellé qu'on y met, et de conserver au centre, entre celle-ci et son couvercle, un espace nécessaire à la circulation des abeilles.

Cette assiette est recouverte de son couvercle; en sorte qu'une fois placée sur le bondon de la ruche, elle fait corps avec celle ci. Il résulte de cette disposition que l'abeille monte par le bondon, et vient prendre la nourriture qui lui a été destinée, sans qu'un insecte ou les abeilles voisines, guêpes, frelons et compagnie, puissent survenir, la contrarier dans son repas, et lui ravir le met pour elle préparé, comme il arrive que trop, lorsque la nourriture lui est distribuée en dessous de la ruche (ce qui engendre une guerre sanglante entre les abeilles de la ruche et celles des ruches voisines). Si la nourriture apportée est plus ou moins liquide, il est prudent de placer dans la mangeoire de petits cailloux, ou de la paille brisée, pour éviter que l'abeille ne s'y noie. Ainsi cette nourriture lui est offerte presque dans son atelier, car il n'y a que l'épaisseur du couvercle de la ruche à traverser; et de plus ces précieux insectes ne sont plus exposés à périr de froid, ou à se noyer, ou à être emportés et mutilés par les vents, ou à devenir la proie de leurs ennemis hélas si nombreux, et si dangereux surtout en hiver, temps ou l'abeille engourdie ne peut se défendre! accidents si fréquents avec l'emploi des anciens procédés, qui consistent à donner à manger aux abeilles en dessous des ruches ou au dehors. Cette mangeoire peut s'appliquer sur toutes les ruches de mon système, de celles en plein air comme de celles posées dans un rucher en bois, ou en maçonnerie.

Puisque j'explique l'emploi de l'assiette mangeoire, il est naturel que je dise avec quelles substances on peut nourrir les abeilles; celle qui est préférable à toutes les autres est évidemment le miel, mais si elle fait défaut ou qu'on veuille l'économiser, on la remplace par d'autres.

Dans le midi j'emploie les confitures de fruits préparés avec le mout de raisin mis en ébullition avant sa fermentation. Nous pensons rendre service à nos lecteurs en leur donnant quelques avis à ce sujet. Cultivateurs, aprés la vendange, faites cueillir les raisins oubliés ou retardataires dans leur maturité, enfin tout ce qui est resté sur la souche; pressez-en le jus, soumettez-le à une ébullition jusqu'à diminution de moitié, et vous conserverez en bouteilles ou en autres vases clos, les sirops obtenus, ainsi qu'on le pratique pour faire le vin cuit, (lequel ne doit diminuer que d'un tiers dans la chaudière.) Lorsque vous voudrez préparer pour l'hiver, ou les grandes sècheresse de l'été, de la nourriture pour vos abeilles vous ferez cuire ce jus avec les fruits de la saison, figues, raisins secs avariés, prunes, pommes, poires etc., et vous aurez une provision qui remplacera le miel comme nourriture de vos élèves.

Il serait même très prudent, à l'époque des vendanges, dans le Midi, partout où la vigne arrive à sa maturité, et après avoir achevé les confitures de ménage, de faire de ces sirops en assez grande quantité, soit pour composer de la nourriture destinée aux abeilles, soit pour fabriquer de nouvelles confitures avec les fruits qui murissent en octobre comme les coins, pommes, poires, châteignes, patates douces qui serviront pour la consommation du ménage, ou seront livrés au commerce sous le nom de raisiné; soit pour conserver une portion de sirops, qui servent à défaut de sucre et de miel, en cas de maladie, ou qui mélangés avec de l'eau fraiche en été, composent une boisson aussi délicieuse que rafraîchissante. Qu'on me pardonne cette petite digression en faveur des malades, des gens bien portant et des petits enfants qui sont si friands des confitures, obtenues sans bourse déliée, et qui trouvent l'hiver bien long, s'ils sont réduits aux tartines de pain sec.

Dans le Nord, où le raisin mûrit peu, où n'arrive pas à pleine maturité, mais où il y a plus grande abondance que dans le Midi, de pommes, poires, prunes, cerises, on composerait pour la nourriture des abeilles en hiver l'aliment suivant, 1/3 de cassonnade de la basse qualité, 1/3 de sirop de fécule ou glucose; 1/3 d'eau, et un peu de miel; puis dans ce liquide on ferait cuire les fruits ci-dessus spécifiés, à mesure qu'ils se succèdent en automne et en hiver.

Si ces fruits étaient rares ou d'un prix trop élevé on les remplacerait par des grains légumineux cuits, tels que fèves, haricots, pois pointus, châtaignes sèches et autres.

Dans ces substances toutes farineuses, les abeilles peuvent puiser quelques-uns des éléments producteurs de la cire, outre ceux du miel.

Maladie des Abeilles.

—

Il ne suffit pas de donner aux abeilles des suppléments de nourriture, aux jours de disette, il faut encore vérifier souvent si elles jouissent d'une bonne santé ou si quelque maladie ne vient pas jeter le trouble dans la colonie, au sein du paisible rucher.

Ici l'apiculteur devient médecin ; à l'aide de la surface vitrée, il peut observer et découvrir la cause du mal. Le plus souvent c'est la dyssenterie qui exerce ses ravages avec assez d'intensité. Voici les symptômes de cette maladie.

On aperçoit dans les ruches, de larges taches noires et qui sont fétides ; les abeilles dont les intestins sont relachés n'ont plus assez de force pour retenir leurs excréments et les porter au dehors et au loin, comme elles ont l'habitude de le faire quand elles jouissent de la plénitude de la santé, car il n'est pas d'animal qui nous offre un plus grand exemple de la propreté intérieure des logements.

La cause de cette dyssenterie provient le plus souvent de la trop grande humidité des ruches. Il faut donc, au plutôt, examiner s'il n'y a pas de fuite d'eau de pluie dans le rucher, ouvrir les courants d'air soit dans celui en bois, en débouchant les deux percées qui se trouvent pratiquées sur le côté du rucher en face de chaque rang de ruches, et soit dans celui en maçonnerie, en ouvrant les portes.

Si la maladie se déclare dans les ruches en plein vent, ce qui ne peut être vérifié qu'en soulevant la ruche, ou en l'obliquant en arrière pour voir dans l'intérieur, puisqu'il n'y a pas de vitrage dans les boites en plein vent, on se hâte de l'élever, au moyen de quatre morceaux de moëllon ou de planchettes, sauf à l'enlever avant la nuit, (en temps froid), alors on a le soin de nettoyer l'appui et changer la hausse ou base de la ruche, s'il n'y avait pas de gâteaux ou s'il s'en trouvait peu; puis on pratique une légère fumigation de plantes odorantes et médicales à la fois, (tel que l'encens en herbe, thim, hisope, sauge, lavande, romarin, etc.), dans le bas de la ruche, après avoir fortement enfumé la hausse, et l'avoir séchée au feu ou au soleil, et remise à sa place ; si on a des hausses de rechange cette opération est bien moins longue : Et enfin on donne aux abeilles dans la mangeoire des crouttes de pain grillées imbibées d'un sirop composé de miel et de vin vieux bouillis ensemble, Toute maladie de ce genre ne résiste jamais à ce remède.

Outre cette maladie, il en survient souvent une autre, sœur de la première, c'est-à-dire provenant du manque de nourriture et de trop d'humidité, et qui entraîne presque toujours la mort du couvain.

Ce cas si grave amène souvent ou la désertion des abeilles ou la perte complette de la colonie. On reconnaît cet avortement du couvain à ses alvéoles fermés, à cône, noircis, applatis et mêmes enfoncés.

Il faut se hater d'y remédier en enlevant les parties attaquées, au moyen du crochet ou du couteau.

Quelquefois les abeilles cherchent elles-mêmes à combattre le mal, en extirpant des alvéoles, les corps des larves à moitié putréfiées ; ce qui est une tâche pénible pour des animaux qui ne vivent que de l'arôme des fleurs !

⸺⸱⸱⸱⸱⸺

Essaims artificiels.

C'est ici que le lecteur est prié de me prêter la plus sérieuse attention, car il s'agit d'éviter la sortie des essaims dont la moitié à peu-près se perd après un long vol.

La chose est du plus haut intérêt, elle constituera désormais en grande partie l'art de l'apiculteur.

Il s'agit d'enlever, de retenir l'essaim nouveau, avant qu'il soit forcé de sortir de la ruche naturellement.

Il faut avouer que c'est une grande servitude d'être obligé de veiller souvent un mois entier à la sortie de ces essaims, qu'il est quelquefois bien difficile de rattraper, selon la place qu'ils ont choisie pour s'y reposer; nous remédions à un si grave inconvénient.

2.

Au printemps dès que les faux bourdons sortent de la ruche avec un bruit semblable à celui que fait le frelon et non à celui que fait l'abeille, (ce qui est un signe précurseur de l'éclosion du couvain et par conséquent de l'époque prochaine de l'essaimage), nous devons suivre le mouvement toujours croissant des abeilles, qui s'accumulent soit dedans soit à l'extérieur.

Lorsque les ruches offrent cette situation, c'est le moment où nous devons opérer comme il suit.

On examine dans les rayons que le vitrage permet de découvrir, s'il existe des alvéoles de Reine, (fig. 18.) ainsi que l'état dans lequel se trouve le couvain, c'est-à-dire, si on aperçoit des éclosions déjà commencées.

Alors il y a toute probabilité que la chaleur dégagée des rayons du centre doit avoir donné lieu dans l'intérieur à une éclosion plus développée.

Si cet examen, qui n'est pas complet, puisqu'on ne peut voir qu'un seul gâteau, c'est-à-dire un 8me du contenu de la ruche, ne donne aucune apparence d'alvéole Royal on divise la ruche en séparant ses hausses superposées. Mais auparavant on frappe doucement, et à coups répétés, sur le couvercle de la ruche avec une baguette ou avec le bout du doigt. Alors la Reine, qui veille toujours sur la colonie, et qui est surtout très alerte dans ce moment, monte au moindre bruit qu'elle entend pour tâcher de reconnaître s'il y a un danger qui menace sa nombreuse famille. On reconnaît souvent, au bruit que les abeilles font, si la Reine a été avisée, et alors on doit supposer que celle-ci est montée dans la partie supérieure; si elles s'agitent en tumulte, il arrive souvent qu'en prêtant l'oreille, on entend le chant de la Reine-mère qui est plustôt un piotement de petit oiseau se rapprochant du gazouillement de la grenouille que du bourdonnement de l'abeille neutre. Cette précaution nous fait souvent éviter sa rencontre comme on verra plus bas dans l'examen des hausses.

Si on reconnaît à ce signe certain que la Reine est montée dans l'étage supérieur, on enlève la ruche en entier; on la place sur le tabouret (fig. 16), et on a soin de la remplacer par une hausse vide, qui sera surmontée par celle qui contiendra l'essaim artificiel.

On divise la ruche en ses trois étages, en posant à terre l'étage supérieur qui est censé contenir la Reine; on vérifie les hausses inférieures au moyen de la fumée et on prend celle qui contient le plus de couvain et possédant un ou plusieurs alvéoles Royaux. On la recouvre d'un couvercle qu'on a eu soin de poser d'avance à côté de soi ; on la pose sur la hausse vide qui lui a été préparée à la place de la ruche mère; l'essaim est ainsi établi, il est bon de savoir si la hausse qui reste contient aussi des alvéoles de Reine; si ce fait existait on n'aurait pas à s'occuper de vérifier si la Reine est dans telle ou telle hausse, et alors on rejoindrait cette dernière à la partie supérieure que nous avons posée à terre en y ajoutant un étage vide et en la portant sur la place vacante du rucher la plus éloignée de celle qu'elle occupait, afin d'empêcher les abeilles, le plus possible, de retourner à leur ancienne place. Cette opération doit être faite par un beau temps et de neuf heures du matin à trois heures de l'après midi, heures pendant lesquelles se trouvent un grand nombre d'abeilles occupées à butiner sur les fleurs et qui viennent alimenter notre essaim artificiel en population autant qu'en provision. Il en est de même de celles qui prennent leur vol dans l'intérieur du rucher pendant l'opération, passant par les portes et fenêtres, allant se reposer sur le parapet de la ruche mère, après avoir tourbillonné un moment devant le rucher ; ce qui fait, que l'essaim, dont il est question, quoique n'amenant avec lui qu'un tiers des rayons de la ruche mère est souvent plus fort que sa souche en population, dès sa formation.

Observation sur l'enlèvement de l'essaim artificiel.

Pendant l'examen fait sur les deux hausses pour le choix de l'essaim, il ne suffit pas de s'assurer que la préférée porte avec elle

un ou plusieurs alvéoles royaux, mais encore, que l'autre en ait aussi ; si elle n'en avait
pas, il serait nécessaire à l'aide d'un peu de
fumée, (chose facile à pratiquer sur une
hausse qui n'a que 22 c^{es} de profondeur et
percée de part en part), de faire jaillir à la
surface les abeilles contenues dans cette dernière ; là il est facile de s'apercevoir si la
Reine-mère n'est pas du nombre ; si elle en
est, on la fait tomber dans l'autre hausse à
l'aide du plumeau, et on établit les deux
colonies comme je viens de dire.

Ces pratiques appliquées, telles que je les
décris, garantissent la réussite complète des
deux colonies ainsi divisées ; comme, malheu-
reusement, malgré ces prescriptions, on lais-
sera toujours s'échapper des essaims par
suite d'imprévoyance, ou de trop peu de soins,
nous allons indiquer les moyens de les rattraper. La perte d'un essaim semble légère au
premier abord, et c'est pourtant un capital
au moins de 300 f. qui s'enfuit, outre les
chances de l'accroissement des essaims chaque
année.

En effet une ruche rend au moins (terme

moyen.) 10 f. par an ; et un essaim en supposant qu'il ne soit pas suivi d'un autre ou de plusieurs autres a toujours la valeur de 5 f. total 15 f. dont le capital est 300 f. *au minimum.*

Si les ruches sont situées au levant, l'essaim sort habituellement un beau jour de printemps de 9 heures du matin à 2 heures de l'après-midi, environ. Il est donc essentiel de ne pas quitter les ruches pendant ce laps de temps si elles sont situées au midi ou au couchant; il y aura toujours une différence de 2 heures de retard, c'est-à-dire que la sortie des essaims aura lieu de 11 heures du matin à 4 heures du soir, au couchant.

En 10 ou 12 minutes, l'essaim s'élance de la ruche, comme un filet d'eau jaillissante, s'élève et forme comme une vapeur en tourbillonnant, faisant un bruit capable de saisir notre oreille à 200 mètres de distance et imitant un grand vent quand il se joue dans une forêt de pins.

Il tourbillonne en tumulte jusqu'à ce que la Reine dont l'essor est lent et pesant, se décide à prendre une direction, dans son vol qui n'a pas été exercé depuis un an ; elle ne tarde pas à éprouver le besoin de chercher dans le voisinage un lieu de station; il est rare, par cette raison, que l'essaim aille se reposer loin de la ruche. Il résulte de ce fait bien observé que l'apiculteur, s'il est présent à la sortie de l'essaim, est facilement en mesure de le saisir et de le porter au rucher.

Toutefois il est prudent de hâter ce repos pendant que l'essaim presque sorti en entier de la ruche, voltige dans l'air. Il suffit de lui jeter quelques poignées de terre pour qu'il ne tarde pas à se fixer sur une branche d'arbre ou sur un buisson voisin.

Si l'essaim reste trop longtemps à ce premier poste sans être recueilli, la Reine, déjà un peu exercée à jouer de l'aile, revenue de sa fatigue et de son engourdissement, impatiente de trouver le gîte où elle pense pouvoir se réfugier avec sa colonie, s'élance avec sa nombreuse famille, et va se fixer souvent au loin; vous êtes donc exposés à perdre l'essaim, si vous ne le saisissez pas après son premier vol, pendant son premier point d'arrêt.

Comme après le premier vol l'essaim va

ordinairement se fixer dans un domicile convenable, il paraît certain que la Reine mère, dès son arrivée à son premier lieu de repos, a expédié des courriers qui ne tardent pas à lui rapporter le résultat de leurs recherches, c'est-à-dire l'indication du lieu où la colonie peut aller se fixer avec sécurité. Ce qui me porte à croire qu'en effet la Reine a expédié des courriers c'est le fait suivant.

Si dans ma fabrique je laisse un pot de miel ouvert, et s'il survient une seule abeille, j'en vois paraitre, en très peu de temps un très grand nombre; la première, évidemment, en rapportant du miel à la ruche, a dit à ses camarades, (suivez-moi. J'ai fait une découverte, il y a des vivres chez M. Marcellin !) si quelqu'un peut interpréter autrement ce fait qu'il veuille bien me le dire !

Plus on étudie ces insectes, plus on reconnaît que leur intelligence est d'un ordre supérieur. Jamais un gouvernement n'a fonctionné avec tant de régularité. La soumission de l'abeille neutre à la Reine est si complète et accompagnée de tant de soins et de tendresse que si nous la prenions pour modèle il n'y

aurait jamais de révolution parmi les peuples;
il est vrai qu'il y a entre elles pleine récipro-
cité et que si les abeilles apportent aux jeunes
Reines, encore au berceau, une nourriture
particulière et délicate (dont je n'ai pu con-
naitre la composition, mais qui forme une
purée (blanc jaune), déposée dans l'alvéole
royal avant la métamorphose du ver en chri-
salide); la Reine, à son tour, veille sur ces
sujets avec un dévouement et une bienveillance qui démontrent que non-seulement elle
est Reine, mais qu'elle est mère !

Si une ruche constitue un modèle de
gouvernement, n'offre-t-elle pas aussi de
grandes leçons aux mères de famille, qui, trop
souvent ont des prédilections pour un de
leurs enfants, ou qui pouvant attacher un
nouveau né à leur sein gonflé d'un lait fait
pour lui, le confient au loin à des seins étrangers et mercenaires et dont le lait, si souvent,
est appauvri, avarié ou presque tari !

Quel exemple de surveillance donne aussi
l'abeille mère à nos mères de famille. Jamais
elle ne quitte sa postérité, elle la suit avec un
amour et une prudence infinis dans tous les

actes de sa vie! hélas! chez nous, combien des mères qui ne veillent pas assez sur leurs enfants et qui, par faiblesse ou imprudence sont la cause involontaire de leurs égarements, et parfois, de leur fin prématurée!

La division de mes ruches en trois parties superposées les rend d'une commodité sans égale pour la cueillette des essaims.

Voici comment on opère.

On prend l'étage supérieur de la ruche portant le couvercle; on le pose sur un de ses étages inférieurs; si on s'aperçoit que l'essaim est fort en abeilles, on l'asperge à l'intérieur avec une branche de thym ou autre plante odorante trempée dans du vin, ou, à défaut, avec de l'eau miélée; on en fait autant à la seconde boîte: puis on fixe ces deux étages avec une ficelle provisoirement, à l'effet que les deux boîtes ne forment qu'un seul corps pendant l'opération.

Je n'applique de corde ou ficelle qu'aux ruches vitrées; car celles destinées à rester en plein air ont leur clef servant à les lier l'une avec l'autre. Du reste on agit de la même manière pour les unes comme pour les autres.

Alors on s'approche de l'essaim, (après s'être revêtu du costume d'apiculteur); on retourne la ruche dessus dessous sur la main gauche, et de la main droite on donne une vive secousse à la branche portant l'essaim, de manière à faire tomber toutes les abeilles d'un seul coup, s'il est possible dans la ruche ainsi présentée. En l'obliquant un peu, on la dépose desuite sur le plateau servant au transport des ruches d'un point du rucher sur un autre; de manière à ce qu'il y ait un espace de 4 à 5, c^{es} qui permette largement l'allée et la venue des abeilles. Cette précaution est nécessaire pour que le restant de la colonie, voltigeant encore dans l'air, puisse être attiré dans la ruche.

Si les abeilles non reposées cherchaient encore à se fixer à l'endroit où se trouvait l'essaim, on pratiquerait une fumigation avec un rouleau de chiffons allumés au-dessous du point de ralliement avec la main ou une perche selon la hauteur. Ce procédé suffit pour que les abeilles soient détournées de leur point de résidence provisoire et forcées de rejoindre l'essaim.

Quelquefois celui-ci se trouve groupé à une couronne d'arbre, au coin d'un mur, ou à l'angle d'une cheminée, en sorte que toute secousse est impuissante pour faire tomber les abeilles dans la ruche qui leur est présentée. Il faut dans ce cas préparer une boîte, ainsi qu'il suit.

On remplace le couvercle par une toile métallique provisoire, dont la destination sera bientôt décrite. Nous attachons une longue corde armée d'une poulie que nous fixons, s'il est possible, au-dessus de l'essaim, de manière qu'on puisse la placer par-dessus. Alors avec une longue perche, armée du chiffon allumé, présentée au-dessous à l'essaim, (mais à une distance assez grande pour ne pas courir la chance de l'incendier), on chasse les abeilles qui, chagrinées par la fumée se hâtent de monter dans la boîte qui les attend.

Nous avons fait emploi d'une toile métallique mise à la place du couvercle pour que la fumée, qui va dans cette direction, puisse facilement traverser la ruche, et ne pas s'y arrêter, car autrement cc serait cette fumée elle-même qui empêcherait l'essain d'accepter cet asile.

Dès que les abeilles sont toutes rentrées dans la boite, ce qui arrive infailliblement après la chute du jour, on lache la corde insensiblement, de façon que l'essaim captif puisse descendre à terre sans ballotement et surtout sans secousse.

Ainsi que dans le cas précédent on met la ruche sur le plateau, et le soir après la retraite complète des abeilles, on les prend par le plateau (dont le rebord doit toujours excéder la dimension de la ruche) et on les porte devant la place qui leur est destinée.

Ensuite on se met en face de la vitre, on saisit, à deux mains plates, l'étage inférieur, et on le dépose à la place qui lui est destinée. Si on n'a pu agir par dessous avec la main, ni par dessus au moyen de la corde à poulie, et que, par conséquent, l'essaim soit à une certaine hauteur (mais qu'une longue perche peut atteindre), il y a encore moyen de la cueillir, pourvu que la branche sur laquelle l'essaim est fixé soit flexible; on attache dans

ce cas, au bout d'une perche un mauvais
parapluie ouvert, renversé et bien lié par son
pivot extérieur, et dans les branches métal-
liques duquel on a eu soin, d'avance d'entre-
lacer des tiges de thim ou autres plantes
aromatiques, trempées auparavant dans du
vin miellé. On présente ce parachute en
dessous de l'essaim; et à l'aide d'une seconde
perche on imprime la secousse nécessaire
pour détacher l'essaim, et le faire tomber au
dedans. Ce moyen m'a toujous réussi, à moins
qu'il ne se soit présenté des obstacles invin-
cibles.

Dès que le parapluie est arrivé à terre, il
est planté par son bout dans le sol, et on
l'abandonne pour un instant. Puis et au
plutôt, on étend, à côté, un drap de lit aux
bords duquel on pose obliquement une ruche
à deux hausses, pour que les abeilles aient
devant elles un large passage; on retire le
parapluie par sa poignée, on le retourne
presque dans le sens où il est employé pour
nous garantir de la pluie; on imprime une
vive secousse sur le manche, et on fait tomber
les abeilles sur le drap, au point le plus rap-

proché de la ruche. Les abeilles montent presque toujours d'elles-mêmes dans le logement qui leur est offert, parfumé au thim et enduit de miel.

Si elles se montraient paresseuses, on les chasserait en relevant les coins du drap et en les secouant doucement vers l'entrée de la ruche. Celle-ci est laissée sur place jusqu'à la nuit, ainsi qu'on le fait, dans tous les autres cas de cueillette des essaims. Et quand on voit que toutes les abeilles sont rentrées, qu'il n'en voltige plus au dehors, on procède à leur enlèvement comme dans le cas ci-dessus.

Taille des Ruches.

Jusques à ce moment nous n'avons fait que préparer le sol, semer, soigner les plantes en culture; Le moment de moissonner est venu. Mais, au lieu de la faucille, préparons le crochet; nous allons tailler nos ruches, (fig. 11)

Cette opération doit se pratiquer de suite après l'essaimage, dès le matin jusqu'à deux heures de l'après midi.

On prend le tabouret (fig. 16) destiné à cette opération, et on le place en regard de la ruche à tailler; on pose celle-ci par dessus; on débouche le bondon de son couvercle; puis on y introduit le tube recourbé de l'enfumoir, et on lance peu à peu de la fumée afin de ne pas étourdir les abeilles, de pouvoir les chasser sans danger de la boite supérieure et les refouler dans les étages inférieurs.

Dans les ruches à vitre, il est facile de reconnaître lorsque les abeilles ont été poussées et refoulées dans les étages inférieurs; alors on prend une boite vide qu'on met dans le rucher à la place de la ruche sur laquelle nous opérons; on enlève le couvercle de la ruche qu'on va soumettre à l'opération de la taille et qu'on pose à côté de soi.

Avec le côté tranchant du crochet on casse le mastic si tenace de la Propolis (ou cire végétale) qui sert de ciment aux abeilles pour boucher hermétiquement les fentes et jointures.

On enlève la boite supérieure et pleine de miel, on la pose à terre sur un de ses côtés; on reprend son couvercle qui a été placé à portée de notre main, et que nous posons vivement sur le 2me étage, lequel dès ce moment, constitue l'étage supérieur.

Alors nous prenons ces deux boîtes, et nous les posons sur la hausse vide qui a été préparée pour les recevoir dans la place que celle-ci occupait.

C'est par suite de ces substitutions de boîtes que nous parvenons à rénouveler les rayons de nos ruches, rayons qui par l'emploi de ce procédé, n'y resteront pas plus de deux années. Alors nous n'aurons plus de ces cires noires et viellies, exhalant des odeurs capables d'engendrer des maladies et de pousser la colonie à la désertion.

Cette substitution de boites nous offre non seulement l'avantage de ne pas laisser vieillir les rayons dans la ruche, mais encore de diminuer le nombre fabuleux des faux bourdons parmi lesquels seulement quelques-uns sont utiles pour la fécondation des Reines.

Après le départ des essaims, les abeilles ne

s'occupent presque plus à construire des alvéoles de males dont l'exagone est d'un tiers plus grand que celui des abeilles. Les mâles consommant beaucoup sans jamais rien produire en fait de nourriture, il est important d'en diminuer le nombre pour éviter la disette, ou une grande diminution de vivres. Les alvéoles de males se trouvent dans le centre, sur les bords des rayons et même vers le bas, par ce qu'ils ont été construits avant la formation des essaims.

C'est là, selon nous, que se manifeste un des grands avantages qu'offre notre couvercle, car les abeilles n'aimant pas à reconstruire au-dessus d'elles, prolongeront leurs rayons dans la boite vide que nous avons mise par dessous et ne s'apercevront presque pas du larcin qui leur a été fait.

Il sera évident aux yeux de tout apiculteur sérieux et de bonne foi, que sans ce couvercle mobile, un pareil résultat ne pourrait être obtenu.

Voilà notre hausse pleine de miel ; nous la vidons dans une bassine, et la voilà prête à être adaptée sous une autre ruche. Dans ce qui sera construit vers le bas et après la sortie des essaims, il n'y aura presque plus d'alvéoles de mâles.

Il résulte de là que, l'année suivante, les alvéoles du bas monteront au centre où se dévelopera le couvain; et chaque année le fait étant répété, il y aura grande diminution du nombre de ces parasites si nuisibles aux récoltes du miel. Les abeilles en descendant, n'éprouvent plus le besoin de construire des alvéoles de males qui sont toujours en trop grand nombre.

Outre ces précautions, il serait important de supprimer avant l'essaimage tous les rayons de males qui peuvent s'y trouver.

Observations importantes
sur la taille.

Si le 2me étage contenait peu de miel, s'il n'y avait pas un tiers au moins de plein, on se contenterait d'enlever seulement les deux tiers de l'étage supérieur qui, dans ce cas, est remis comme il était avant; j'agis ainsi pour que l'essaim aie toujours de quoi parer à la disette d'été et à celle d'hiver, si l'été avait été très sec et dépouillé de fleurs.

Je fais la taille desuite après l'essaimage qui a eu lieu dans le midi en avril et en mai, et dans le Nord un mois plus tard, pour donner à la colonie plus de facilité à profiter des fleurs si abondantes à cette époque, sans compter celles qui se succèdent jusqu'en automne.

La taille des ruches ne doit pas nous faire oublier qu'il faut surveiller les essaims devenus si actifs, si laborieux, et qui introduisent à cette époque des masses de produits dans la ruche. Il faudra ajouter de nouvelles hausses si on voit que celles qui existent sont presque remplies de rayons. Dans le début, à l'époque de l'essaimage, j'avais mis peu de hausses pour que les abeilles n'eussent pas à traverser un long espace avant de dégorger le miel, et aussi parce qu'étant placées plus près de la porte d'entrée elles pouvaient plus rapidement se mettre en état de défense en cas d'attaque de leurs ennemis. Mais en ce moment où les greniers se remplissent de rayons nouveaux, il faut donner de l'espace à nos travailleuses et ajouter les hausses nécessaires, car, si tout était rempli de rayons, le travail serait suspendu, et la perte en miel serait considérable.

Réunion des essaims faibles.

C'est en se livrant à l'examen des travaux des essaims qu'on cherchera à remarquer ceux qui sont faibles, afin de prendre des mesures ayant pour but de les réunir ; car deux essaims faibles, séparés dans deux ruches, ne peuvent prospérer ; et s'ils sont réunis dans une seule ils formeront une colonie populeuse qui produira beaucoup en miel, cire et en beaux essaims, au printemps suivant. En effet on conçoit aisément que les abeilles réunies en grand nombre engendreront plus de calorique et résisteront mieux à la rigueur des hivers que si elles étaient séparées et isolées dans des ruches différentes.

Mon système est le seul qui permette de réunir deux essaims faibles sans les séparer de leur grenier d'approvisionnement. Ce résultat est dû à l'ivention que j'ai faite du couvercle mobile ;

On commence par enlever celui-ci de la boite de la ruche qui doit contenir dorènavant les deux colonies réunies. Ensuite on enlève l'étage supérieur de la ruche qu'on veut dévaliser, et que l'on pose sur cette dernière ; celle-ci devient, dès lors, l'étage supérieur des deux colonies, et les deux provisions alimentaires se trouvent superposées et jointes dans la même ruche.

Il ne nous reste plus qu'à opérer la jonction des deux colonies ; ce qui devient très-facile, Comme il ne reste plus que deux compartiments percés de part en part, et sans couvercle, il n'y aura plus qu'à poser par-dessus la ruche renfermant les deux provisions, en ayant soin, dès qu'elles sont réunies, de répandre un peu de fumée dans l'intérieur de la ruche. Cette fumée a pour but d'étourdir légèrement l'abeille, de la détourner de l'état d'irritation dans lequel elle se trouverait par suite de ce changement forcé de domicile. La nuit aussi, (Car on ne doit pratiquer cette opération

que vers la fin du jour,) favorise l'appaisement
de l'émeute, et contribue à prévenir une bataille imminente entre les belligérants d'une
colonie et ceux d'une autre qui se battraient à
mort dans la ruche. Les deux armées après
avoir passé une nuit ensemble, et subi
(par un instinct de sentie) l'influence de la
fraternité. éprouvent le besoin de se réunir,
de se confondre et de travailler de concert.
Elles se calment peu à peu, et font jonction
complète en s'admettant mutuellement comme
membres d'une même famille soumise à un
seul gouvernement sous la puissance d'une
seule Reine qui les admet toutes dans son empire comme citoyennes ayant des droits égaux ;
tandis que les Romains, ces pères de la civilisation sur tant de points, jettaient leurs
prisonniers de guerre ou sous le joug de
l'esclavage ou dans un cirque garni de lions
et de tigres en présence d'autres tigres plus
cruels encore des Romains assis sur les gradins
qui applaudissaient à la vue du sang humain
innocent, ruisselant sous la dent et la griffe
des bêtes féroces ! oh ! que mes abeilles sont
au-dessus de ces anciens maîtres du monde !

J'ai dit que presque toujours le lendemain de la réunion des deux colonies, la pacification avait lieu, et que les abeilles sortaient ensemble pour aller plonger leurs antennes dans le calice des fleurs. Cependant il arrive parfois, que la querelle continue (peut-être par le défaut d'un *Nestor* ou d'orateurs assez éloquents, parmi nos amazones), alors il s'agit de prévenir l'effusion du sang; pour atteindre ce but, retranchez desuite de la ruche la hausse dans laquelle il y a le plus de tumulte et où les habitants jugent qu'ils sont trop nombreux en raison de l'appartement qui ne peut plus les contenir tous, (car il ne faut laisser aux ruches que les boites nécessaires à l'accomplissement des travaux de l'abeille et proportionnées à la force des essaims). Je recommande ce point avec beaucoup d'instance à nos apiculteurs, d'autant plus qu'en ayant soin de proportionner les ruches au nombre des abeilles qui peuvent les garnir, on économise en achat ou construction de ruches, et on obtient le même produit; il y a de plus économie de temps pour l'apiculteur qui est tenu à moins de surveillance et de soins; car il est plus facile de préparer en hiver de la nourriture pour une ruche que pour deux. Enfin, et c'est ici le point le plus important qui résulte de la réunion des essaims faibles confondus, c'est qu'étant joints ils ont plus de chaleur et de force; ils peuvent mieux se défendre contre leurs nombreux ennemis, ce qui augmente pour l'année suivante les chances d'une bonne reproduction d'essaims.

Essaims Secondaires.

Le premier essaim sortant d'une bonne ruche est toujours le plus fort et le plus viable; c'est celui sur lequel il faut porter le plus d'attention pour ne pas le laisser échapper. Mais il en jaillit d'autres plus faibles selon leur numéro de sortie, il en surgit souvent un second, puis un troisième, puis un quatrième, et même parfois un cinquième. Avant de les recueillir, on aura soin d'examiner s'ils sont forts ou faibles en nombre.

S'ils sont forts, ce qui arrive assez souvent, on les isolera dans une seule ruche comme il est dit ci-dessus. S'ils sont faibles on se hâtera de les réunir. On joindra un essaim faible à un autre de même nature, on pourra même joindre trois faibles ensemble; c'est là un des points les plus importants de l'art apicultural. le 4ᵉ et le 5ᵉ essaim étant toujours plus faibles que les trois premiers, doivent toujours être doublés; 2 ou 3 essaims faibles composeront une bonne ruche; sans leur réunion vous êtes certains qu'ils n'aboutiront pas, ils mourront pendant l'hiver faute de chaleur et de provisions préparées d'avance, s'ils n'ont pas déjà succombé pendant l'Automne.

Si la réunion ne peut se pratiquer avec les essaims sortis pendant la même journée, on la fera avec ceux qui auront été recueillis les derniers, après avoir, avec de la fumée, étourdi légèrement les abeilles domiciliées les premières, car la guerre serait déclarée desuite (sans hérault d'armes), ce qui arrive toujours lorsque la colonie a déjà commencé à travailler. Ce qu'il y a de singulier, et de distinct entre les armées d'abeilles et les nôtres, c'est que la fumée engourdit les premières, et que celle de la poudre à canon excite, au contraire, nos colonnes guerrières à se préciter dans la mêlée !

Transvasement des abeilles d'une ruche commune dans la ruche à trois hausses, en la pratiquant dès le début, comme si cette ruche commune était à hausse.

Opération. On commencera par poser la ruche commune sur une hausse, si elle n'est pas du même calibre et de même dimension, comme il arrive si souvent; on la lute avec des litaux en bois et de la terre grasse.

Ensuite on soulève le couvercle cloué de la ruche commune; on enfume et on enlève la partie de miel qu'on juge convenable de prendre, et on remplace la cavité produite par cet enlèvement avec du foin, de la paille ou une planchette, afin que les abeilles ne puissent plus reconstruire des gâteaux dans la partie qui est restée vide.

Puis, on remet le couvercle de la ruche, nécessaire pour faciliter l'écoulement des eaux de pluie.

L'année suivante à la même époque, si cet appareil était resté tel et quel, on ajouterait une deuxième hausse, et on fera usage de la fumée comme l'année précédente pour faire évacuer la ruche commune où sont les abeilles, on l'enlévera, et le miel sera récolté complètement en toute liberté d'action.

Alors la colonie reste entière dans la hausse munie des rayons qu'elle y a nouvellement construits, et ne songe plus à la désertion qui se produit souvent dans le transvasement des ruches par l'emploi des anciens procédés.

Ensuite on ajoute le couvercle. L'opération est terminée.

Des ennemis des Abeilles.

Il est assez difficile d'expliquer pourquoi chaque animal, chaque fleur, chaque feuille a ses ennemis créés pour leur destruction. Enfin Dieu sait pourquoi il a ainsi disposé de ce qu'il a organisé. Pour moi, je n'ai, en ce qui concerne mon métier d'apiculteur qu'à chercher à combattre les ennemis de l'abeille qui sont aussi les miens, puisqu'ils viennent me disputer le miel conquis par mes soins. Faisons donc la guerre à ces pirates, qui sont le papillon à fausse teigne, la guêpe, le bourdon sauvage, les fourmis, les mulots, les souris, les lézards, les belettes, limaces, et autres miellivores. si habiles à se glisser dans les ruches, et à empêcher les confiseurs de faire du nougat avec du miel; il est vrai que la glucose ou sucre de la pomme de terre ne coûte pas aussi cher que le produit si moëlleux et si doux de l'abeille! Pauvres nougats combien vous êtes dégénérés depuis que le tubercule Parmentier a été livré à nos distillateurs!

Le miel a comme l'argent, ce n'est pas tout de se le procureur, il faut le conserver. Or, comment pourrons-nous préserver de tant d'ennemis une ruche mise en plein air et exposée sans relache à être pillée par des animaux gourmands qui adorent d'autant plus le miel qu'il ne leur coûte rien, que c'est un met tous préparé et qui peut se passer de l'art culinaire ou de la bassine en cuivre du confiseur. C'est une véritable conspiration organisée contre les amateurs du nougat et du pain d'épice. Défendons ces pauvres abeilles. Toutefois commençons par reconnaître, qu'elles ont reçu de la nature des moyens de résistance, et assez d'intelligence pour les déployer avec énergie. Leur éguillon est une épée qui, semblable à celle que Denis le tyran posa au plafond sur la tête de Damoclés, pendant les somptueux repas qu'il lui offrait, est toujours prête à atteindre l'agresseur! En général, malheur aux animaux téméraires qui se glissent furtivement dans la ruche en été quand les abeilles soignent le couvain. La souris, le mulot, le bourdon, tout périt, sous ces milliers de dards sortant plus vite de leur fourreau guttural que ne partaient les flèches des anciens Parthes! Mais quand l'abeille est engourdie par le froid elle subit, hélas, trop souvent la loi du vainqueur ou de l'animal perfide qui s'est glissé furtivement dans la place, comme Ulysse dans le fameux cheval de bois au siège de Troye, ville célèbre qui existerait peut-être encore sans une petite fantaisie du fils de Priam pour Hélène!

L'abeille fait surtout une rude guerre au papillon de fausse teigne; elle l'attaque, le pique avec persévérance, car elle sait que c'est son plus terrible ennemi, mais celui-ci dépose rapidement tant d'œufs bientôt convertis en larves dévorantes dans tous les coins et recoins de la ruche que leur entière destruction par l'éguillon de l'abeille devient impossible, et qu'il lui faut l'assistance et le secours de l'apiculteur; ces larves du papillon de fausse teigne, se glissent dans le pellicule intérieur du rayon en construisant un tunnel de soie qu'elles tissent en avançant pour se garantir de la machoire de l'abeille; pourquoi ces larves ne donnent-elles pas leur secret aux ingénieurs qui percent le Mont-Cenis!

Voici ce que je pratique lorsque je reconnais l'envahissement du papillon; je dispose autour du rucher à une petite distance, de petits fagots, en tout sens, de branches sèches de thim, romarin, lavande, sauge, ou autres plantes odorantes, dont le parfum plait à l'abeille, et j'y mets le feu à l'entrée de la nuit. Le papillon attiré par la clarté de ces phares, vient tourbillonner près de la flamme et se brûle les ailes. Quelquefois je dépose un fanal allumé au milieu d'un grand plat rempli d'eau; Le papillon attiré par la lumière se jette sur le verre de la lanterne, et finit par se noyer. Sans doute cette précaution est bonne, sans elle on s'exposerait à perdre un certain nombre de ruches!

Cependant, et malgré la valeur de ces procédés, il arrive souvent que le papillon se glisse dans la ruche, et y dépose sa ponte destructive, sans que les abeilles puissent y mettre obstacle. Si le mal devient grave (ce qu'il est facile de reconnaître par le vitrage de la ruche), il faut en venir à une opération sérieuse, mais assez délicate que je vais décrire. Avant de la pratiquer il est prudent de bien constater la cause et le degré du mal. Si vous voyez que les abeilles, sans aucune cause apparente, autre que celle de l'envahissement du papillon, se ralentissent de leur activité habituelle, si vous remarquez de petits filaments ou toiles imitant celles des araignées, ainsi que de petits points noirs qui sont les excréments des vers tombés et épars sur le plancher de la ruche, il faut

a.

vous disposer à faire l'opération de l'extirpation, car ces symptômes sont infaillibles; ils prouvent que la ruche est fortement attaquée par la teigne; et l'apiculteur doit, au plutôt, venir en aide à la colonie menacée d'une entière destruction.

Le doute est d'autant moins permis sur la cause du mal que dans une colonie se portant bien, on ne voit jamais d'ordure sur le tablier de leur habitation. L'abeille nous donne aussi l'exemple d'une grande propreté, puisque toujours elle porte au dehors les résidus de sa digestion, tandis que l'homme, surtout dans les grandes villes, les enfouit sous lui dans des grottes souterraines, puis leur extraction jette à cent mètres autour la terreur des miasmes putrides et interdit le sommeil aux habitants de la maison où on l'opère et à ceux des maisons voisines; (avis à la Capitale!)

Voici dont comment je manœuvre pour sauver la ruche de la destruction dont la menace le papillon: je choisis parmi les bonnes ruches du rucher une des meilleures ou qui sont garnies de plus de gâteaux. Je lui enlève l'étage ou la hausse du bas (celle reposant directement sur le tablier) ; on est persuadé d'avance que ce 3me étage du bas ne contient pas du miel, mais qu'il est sain et qu'il peut sans danger servir de grenier à la ruche malade; et d'un autre côté son enlèvement ne peut nuire à la ruche à laquelle il a été fait et remplacé par une hausse vide.

Ensuite on enfume cet étage garni d'un canevas, ainsi que nous l'avons indiqué à l'article de la prise des essaims, à l'effet que la fumée puisse circuler. On tire la ruche malade sur le tabouret portatif (fig. 16), et pour cela nous supprimons le plateau qui ne sert qu'à fermer les abeilles pour transporter les ruches d'un endroit à un autre.

A présent pour faire l'emploi de notre tabouret percé, nous prenons la ruche malade que nous retournons, en un tour de main, dessus dessous, en sorte que le bondon se trouve en face du trou cylindrique du tabouret.

Nous plaçons à l'extrémité l'étage propre à recevoir les abeilles et nous enfumons le dessous du tabouret à travers le trou du bondon.

Les abeilles chassées par la fumée et attirées par la clarté du jour qui passe à travers le canevas ne tardent pas à se réfugier dans l'étage que nous venons d'adapter à la ruche malade.

Alors on regarde par la vitre, et si on reconnaît que les abeilles sont bien montées, on enlève l'étage contenant celles-ci, on le met à terre sur le plateau et on bouche l'entrée du jour. Dès lors il ne nous reste plus que la ruche malade complètement devenue libre et dont on peut aisément visiter toutes les parties intérieures.

On enlève les vers avec soin, et puis, s'il n'y a de miel qu'à l'étage supérieur on ôtera son convercle qu'on placera comme second étage sur son ancien tablier, et on le surmontera par l'étage contenant les abeilles; elles vaqueront immédiatement à leurs occupations, et tout en travaillant elles enlèveront en moins de deux jours le miel de leur ancienne ruche qu'elles emmagasineront dans le haut de la nouvelle.

Une fois convaincu qu'il n'y a plus de miel dans l'ancienne demeure, on replace la ruche

sur le tabouret d'opération ; on enfume légèrement par dessous pour faire monter les
quelques abeilles qui peuvent encore se
trouver au travers des gâteaux délabrès.

Pendant que la fumée chasse ces retardataires. on place un étage vide sur le même
tablier. On prend sur le tabouret l'étage renfermant les abeilles, et on le pose sur celui
qui vient d'être placé.

La ruche est donc maintenant établie sur
ses deux étages. Le troisième sera ajouté,
lorsque l'on verra qu'il devient nécessaire.
La vieille ruche est donc totalement vide ;
on la nettoiera immédiatement ; on fondra
les gâteaux, et on répandra dans chaque
étage de la bonne eau de vie ou de l'esprit de
vin, que l'on enflammera avec un petit bout de
papier allumé, afin qu'aucun œuf ou teigne
imperceptible n'échappe à la destruction. Dès
ce moment, la ruche ainsi nettoyée et purgée
de tout insecte sera propre à être employée
de nouveau.

Cette opération est un peu longue et délicate. Aussi ne faut-il la pratiquer que lorsque
l'envahissement des larves de papillon est

évidemment grave et dangereux. Si le mal n'était pas aussi tristement constaté, on se contenterait, du mieux qu'on le pourrait, de nettoyer la ruche étage par étage; on commencerait par enfumer légèrement la base de la ruche où le ravage se manifeste d'abord, afin de dégager de cet étage les abeilles qui y sont logées. Ensuite on détache cette boîte qui forme la base de la ruche et on la vérifie à son aise et avec le plus grand soin.

Il serait utile pour se livrer à cette opération de faire usage de la loupe des botanistes à l'effet de pouvoir distinguer (ce qui échapperait à la vue simple) ces petits points blancs arrondis, beaucoup plus exigus que les œufs de la reine des abeilles, et qui, à la suite de l'éclosion forment une larve si minime que, pour l'apercevoir, une lentille mycroscopique devient nécessaire. Alors on nettoie ce compartiment jusqu'à ce qu'il n'en reste plus de trace. Si les parties attaquées n'aboutissaient pas à la partie supérieure de cette première hausse, il y aurait lieu de croire que les autres situées en dessus n'en seraient pas atteintes. Alors on pourrait borner l'opération du nettoyage.

Voilà tout ce que nous avions à dire sur la fausse teigne; si nous nous sommes appesantis sur ce sujet, c'est que nous avions à lutter contre le plus grave ennemi de l'abeille.

A présent disons un mot des autres miellivores qui lui font aussi une guerre cruelle.

L'entrée des ruches étant très réserrée, il y a peu de danger à ce que les souris puissent pénétrer dans la place; mais elles peuvent ronger et agrandir l'ouverture; si l'on s'en aperçoit, on se hâte d'y remédier par l'application d'une pièce de tôle fixée par des clous et qui bouche le trou. Puis, il est à peu près certain, en été, que cette souris sera punie de sa témérité et que des milliers de dards en auront bientôt fait justice. Il en est de même des lézards, des belettes, des rats et même des renards qui osent renverser une ruche, et qui, (dans la belle saison) ont expié, plus d'une fois, sur place, leur audacieuse entreprise; mais voici le moyen que j'emploie pour me débarrasser de ces pirates gourmands. Je fais usage du poison, soit de la noix vomique, soit de la pâte phosphorée. Mais comme il y aurait danger que les chats et les chiens de la maison fussent empoisonnés, je pose ces substances dans le milieu d'un tuyau de conduite en terre ou d'un vieux tuyau de poêle chargé de 2 pierres, pour que le vent ne l'agite pas, ne le déplace pas. La pâte phosphorée s'étend sur une tranche de pain ou de lard. La noix vomique est pilée et chauffée d'avance avec de l'huile d'olive dans un poêlon, et forme une pâte qui attire l'ennemi.

De cette manière on ne craint plus que les chats de la maison, qui sont nécessaires auprès des ruches, puisque jour et nuit ils montent la garde et font la guerre aux rats, mulots, belettes, souris. etc. soient victimes de nos préparations meurtrières. (Avis utile à ceux qui tendent des pièges à poison aux rats, belettes, lézard).

Il reste à préserver la ruche d'un autre grand ennemi qui par fois pille le miel sans relache et presque sans qu'on puisse s'en apercevoir, je veux parler de la fourmi dont les colonies sont encore plus nombreu ses que celles de nos ruches. Elle est d'autant plus dangereuse que se trouvant cuirassée, blindée, qu'elle est à l'abri de l'éguillon de l'abeille si petite.

Il s'agit d'éviter leur entrée dans la ruche; voici comment je m'y prends pour atteindre ce but, et leur interdire le buffet à miel.

Je répands autour du tablier de la ruche du soufre sublimé, et un cordon de goudron, tracé à l'aide d'un pinceau décrivant un cercle autour du tablier, ce qui fait une double ligne de défense, dont une seule souvent suffit. Mais contre un pareil ennemi, deux redoutes valent mieux qu'une seule. Si le lecteur doutait de la valeur du soufre sublimé comme arrêtant la marche de la fourmi, il n'a qu'à jeter une poignée de ce minéral sur un trou de fourmis pendant qu'elles font leur provision de grain; à l'instant le service des transports est arrêté. Les fourmis n'osent plus entrer ni sortir; elles ne meurent pas, mais on ne les voit plus. (Avis aux cultivateurs qui ont leurs gerbes sur une aire ou dans une grange, et où j'ai compté jusqu'à 100 chantiers de fourmis qui dans une nuit enlevaient plus de 10 boisseaux de blé!)

L'odeur du goudron fait éloigner desuite la fourmi, c'est un fait que j'affirme encore comme résultat de mes expériences, tant de fois répétées! pourquoi le cultivateur ne donnerait-il pas un coup de pinceau de goudron au tronc de ses arbres à fruit et surtout du pêcher en plein vent, dévoré si souvent par la cloque!

Quant aux moineaux, merles, grives, fovettes, rossignols, pies, geais, et une foule d'autres oiseaux carnassiers qui dévorent les abeilles dans les champs, et qui viennent souvent se poser en sentinelle auprès de la ruche pour les saisir au passage, nous ne trouvons d'autre moyen pour en garantir nos protégées que le fusil, les pièges connus et les polichinelles mouvants ou effets d'homme garnis de paille et représentant un gardien ou un chasseur à l'affut.

De tous ces oiseaux, le moineau est le seul qui, peu à peu, reconnaît que ces polichinelles et ces chasseurs postiches ne sont pas dangereux pour lui, et au bout de 3 ou 4 jours il finit par se poser sur ces manequins, et il a l'air de se moquer de l'apiculteur; il ne recule que devant le plomb lancé par la poudre à canon.

Il est un oiseau dangereux encore pour

l'abeille, et qui l'est d'autant plus qu'il surprend celle-ci au vol; c'est l'hirondelle que les poètes chantent si gracieusement parce qu'elle est la messagère du printemps, et que moi je détruis impitoyablement partout où j'ai des ruches. Il est charitable d'offrir un asile sous nos toits à ces petits oiseaux dont le vol est si beau! mais puisqu'elles mangent mes abeilles si volontiers avec tant d'adresse et d'agilité, je les renvois aux pays lointains d'où elles sont venues pour me faire une visite si intéressée: je vous offre un coin de ma maison, une toiture bien abritée, mais si vous violez les droits de l'hospitalité, si vous faites ample curée de celles qui me font vivre de leur miel je brise vos maisons d'argile!

Après cette destruction l'hirondelle revient encore au printemps suivant; mais je détruis encore son nid; alors elle m'a compris, et la 3e année elles va chercher au loin un toit plus hospitalier!

Je détruis même le nid de cet oiseau avec le plus grand soin, car si on le laisse, le moineau qui est un animal sans façon, s'y loge avec audace (car il est paresseux), et alors je n'ai fait que changer d'ennemis; il va sans dire que tous les moineaux éclos sous les toits de ma maison aux pieds de laquelle sont mes ruches passent de ma toiture à l'axe de ma broche. Je ne sais si cette chasse sans port d'armes est défendue. Dans tous les cas, si la loi me condamne, je suis absous par la Reine mère de mes abeilles, chef de mon gouvernement rucher!

Description des divers appareils, et instruments employés dans les diverses opérations signalées dans cet opuscule.

Un des plus nécessaires pour l'apiculteur dont le rucher est organisé d'après mon système est l'enfumoir (fig. 14) composé d'un cylindre en tôle plus ou moins forte et qui est plus ou moins grand selon le nombre de ruches que l'on gouverne, mais qui peut être dans les dimensions de celui dont je fais usage depuis longtemps; il peut donc en moyenne avoir de 25 à 30 cent. de longueur, sur 12 à 15 de diamètre; il est fermé et soudé dans une de ses extrémités, et il est terminé par une douille conduisant la fumée dans les ruches, après qu'on lui a adapté un tube recourbé portant 5 cent. de hauteur sur 3 de diam.

On ajoute à cette douille ce tube à coude (en fer blanc) à seule fin de pouvoir introduire la fumée par le bondon de la ruche.

En dehors au centre du cylindre est fixée une poignée en fer par laquelle l'apiculteur tient l'appareil à l'effet qu'il ne soit pas exposé à se brûler pendant l'enfumage.

Il y a au dedans une grille mobile facilitant le nettoyage, et empêchant les étincelles du feu de pailles, chiffons, papiers ou autres substances propres à produire une abondante fumée.

Son autre extrémité est fermée par un couvercle en bois doublé en tôle et portant une filière dans laquelle vient se visser le bout d'un soufflet. Ce dernier faisant corps avec le couvercle est cause qu'à l'aide d'un seul mouvement de main on enlève ces parties de l'appareil réunies; et de plus ces deux pièces acquièrent de la solidité. Ce couvercle est, naturellement mobile.

Crochet (Fig. 11)

C'est une baguette en acier applatie sur les deux bouts (l'un droit et l'autre recourbé). Le côté droit sert à couper les rayons le long des parois de la ruche; le côté recourbé les taille en travers.

Costume obligé de l'apiculteur
(Fig. 10)

C'est tout simplement une blouse venant à ceinture d'homme, qui se ferme à gaine avec une ficelle sur les hanches en dessus du pantalon à son collet, elle est armée d'un capuchon auquel on adapte un masque en toile métallique de même tissage ou treillis que celle des couvre plats, usitée dans nos cuisines, il a la même forme que celui des maîtres d'armes. Ce masque est cousu solidement et à points très rapprochés, au capuchon et à la blouse. Celle-ci porte au bout de ses manches des gants de peau cousus à points serrés. Ces gants sont suffisants pour la cueillete des essaims, parce qu'on ne manie pas du miel.

Mais lorsque je me livre aux opérations de la taille, où je suis obligé de mettre la main sur les rayons, je me sers de gants en drap ou en toile double, ou espèce de mitaines dans lesquelles le pouce tout seul a sa place marquée; si dans les opérations de la taille j'usais de gants de peau il me faudrait en acheter d'autres à la taille de chaque ruche, parce que ces gants deviennent raides et ne peuvent plus se laver, tandis que les mitaines en étoffe, soit en fil soit en laine, supportent facilement le lavage des taches de miel et conservent toujours leur souplesse.

Du Tabouret.

(Fig. 16).

—

Ce petit meuble est utile dans plusieurs de nos opérations; il est composé d'un plateau à sa partie supérieure, percé d'un trou de 5 cent. de diamètre, et d'une marche qui sert d'escabeau en même temps, pour que l'opérateur puisse atteindre les ruches du second rang posé sur le premier.

—●●●●●—

Du Miellificateur.

—

Cet appareil consiste en une boîte carrée de 55 cent. de largeur sur 65 de longueur, posant sur ses 4 pieds qui ont 45 de hauteur au-dessus du sol. Le corps de la boîte a une profondeur de 25 cent. sur le devant et 34 sur le derrière.

Son vitrage de même dimension est mobile et armé d'une poignée de fer. La pente adaptée de la caisse facilite l'accès direct des rayons solaires et l'écoulement du miel qui tombe dans une bassine carrée en fer blanc de même diamètre ayant un rebord de 10 cent. pour recevoir une certaine quantité de miel. Cette boîte en fer blanc est armée d'un tube du même métal, traversant le fond et conduisant le miel directement dans les pots où il doit être conservé.

A ce tube on met un bouchon de liège afin qu'on ne soit pas obligé de surveiller sans cesse; on ne va l'ouvrir que lorsque le bassin est à peu près plein. Ce dernier placé dans le fond de la caisse est surmonté d'un cadre ou chassis garni de toile métallique galvanisée, portant également un rebord de 6 cent. en fer blanc, pour empêcher que le miel ne déborde et ne coule dans la caisse de bois du miellificateur.

Ces deux appareils, ainsi décrits, sont naturellement munis, de deux côtés, d'une poignée en fer pour faciliter leur entrée et leur sortie dans la caisse en bois du miellificateur.

L'appareil doit toujours être recouvert d'une bonne peinture à trois couches successives à l'huile de lin ou de noix et de céruse; car il est si souvent exposé au plein soleil qu'il a besoin d'être peint solidement.

Le corps du miellificateur a aussi à l'extérieur deux poignées en fer aux deux côtés opposés, à l'effet que deux personnes puissent le transporter facilement d'un point sur un autre, comme une malle, à mesure que le soleil change de place.

Cet appareil est non-seulement indispensable à la cueillète du miel, mais il peut servir, à la campagne, à une foule d'autres usages auxquels, peut-être, on n'a guéres songé.

En effet pourquoi ne pas en faire usage pour sécher rapidement les fruits pendant l'été, sans avoir à craindre la poussière, les guêpes, les mouches, les papillons qui, si souvent, déposent, sur le fruit séché en plein air, des œufs éclosant plus tard et causant sa destruction.

On y fait sécher aussi les pommes de pin qu'on ne pourrait décoqueter pour en obtenir la graine sans notre appareil, ainsi que beaucoup de graines des fleuristes et des horticulteurs.

Lorsqu'il y a abondance de cerises , de prunes , d'abricots , de raisins de table, pourquoi ne pas les soumettre à cette dessication! L'hiver est si long, les petits enfants sont si gourmands, un dessert de fruits secs couronne si bien un bon repas !

Il existe encore un légume si abondant, si apprécié dans le Midi et dont le Nord commence à estimer la valeur, qui sera séché dans cet appareil par un procédé de mon invention et que je vais relater avec d'autant plus de plaisir, qu'il constitue l'assaisonnement principal de presque tous les mets ; c'est la tomate ou pomme d'amour dont le pellicule mis sur une boutonnière pourrait faire une vive concurrence aux décorés de la croix d'honneur, (si la chose était permise !) jusqu'à présent on s'était borné à faire du coulis par le feu, et on le conservait dans des bouteilles fermées, mais souvent il y a moisissure; d'autres coupaient la tomate, la salaient, et la faisaient sécher au soleil; il ne restait plus que le pellicule, et peu de goût dans le fruit ; voici ce que je pratique depuis longues années et avec une pleine réussite.

Je presse le suc des tomates, je le passe à un tamis, puis je le mets sur canevas dans le miellificateur fermé et exposé au soleil. En 2 ou 3 jours il se forme une pommade j'en fais de petits pains, au moyen d'un moule de bois, je fais encore sécher, et tout est terminé. Au bout de 10 ans, et plus, la tomate ainsi conservée sans le secours du sel, a un goût aussi delicat que si on venait de la cueillir.

De la Presse.

Après l'écoulement du miel dans le bassin inférieur du miellificateur, il reste sur le chassis à toile métallique un corps gras, un résidu mielleux contenant aussi la cire et qui doit être soumis à la presse.

Le miel qui va s'échapper des escourtins de crin ou d'esparterie sera d'une qualité très-inférieure; mais il ne trouve pas moins un emploi utile; il peut être employé aux médicaments pour l'usage de l'homme et des bestiaux, et aussi pour servir de nourriture aux abeilles en hiver et dans les jours de grande sécheresse en été.

Cette petite presse portative est nécessaire à tous ceux qui désirent eux-même tirer parti de tous les produits de leurs ruches, ou de les vendre en nature au commerce.

Cet appareil comme le miellificateur peut aussi servir à d'autres usages pour extraire le suc de certaines substances comme groseille et tomate, raisin, coing rapé.

Extraction de la cire.

Le résidu qui sortira des escourtins de la presse sera déposé dans une chaudière avec de l'eau en suffisante quantité pour le recouvrir, placé, à feu nud sous le foyer et mis en ébullition.

Ensuite cette bouillie sera vidée dans les escourtins d'esparterie ou de crin (Mais plutôt de crin) et sera soumise à la presse. De cette opération il résultera la séparation de la cire avec son marc ou résidu. La cire monte à la surface de ce liquide ou de cette bouillie; on la retire de la chaudière après refroidissement et on la soumet à une seconde ébullition dans la même chaudière, après l'avoir bien nettoyée et remplie d'une eau très-propre. Ensuite on retire la chaudière du feu et on laisse refroidir. Le produit converti alors en cire jaune est mis en pain et livré au commerce.

Dans ces diverses opérations d'ébullition, il faut avoir soin de ne pas pousser le feu trop vivement de peur que la cire ne se répande en dehors de la chaudière et ne tombe sur la flamme du foyer; car la cire s'allumerait et pourrait être la cause d'un incendie!

Il est très-important de bien opérer dans cette fabrication de la cire, car celle-ci bien préparée a une grande valeur.

On peut calculer en général que le produit de la cire dans une récolte est représenté

par un tiers de bénéfice. En effet dans le poids
brut de 100 k. en rayons, nous trouvons 75
pour 0/0 en miel qui à 1 f. le k. produisent
le chiffre de 75 f. plus 10 k. de cire environ,
qui à 4 f. 50 le k. (prix actuel) forment celui
de 45 f. Total du produit 120 f. pour 100 k.
de rayons. On voit par ce calcul combien il
importe à nos cultivateurs de s'occuper de
l'éducation des abeilles! quel est le produit
dans nos champs, qui peut être obtenu à moins
de frais et de peines!

FIN DE LA PREMIÈRE PARTIE.

DEUXIÉME PARTIE.

Accident survenu.

J'avais achevé ce manuscrit, et pensant avoir dit tout ce que je savais en apiculture, ou du moins ce qui était indispensable pour être compris du propriétaire comme du fermier, j'allais porter l'opuscule chez mon imprimeur, lorsqu'il me vint une fantaisie, celle d'aller faire une excursion aux environs dans le premier château venu, afin d'y faire la conquête d'un auditeur pour savoir, par l'effet que je produirai sur son esprit si mon livre avait chance de vie ; que d'auteurs sont tombés, faute d'avoir pris cette précaution d'essai ! Dieu veuille que je sois plus heureux et que je reçoive le prix de ma prudence !

Je pars, mon manuscrit en poche ; nous étions au mois de mai ; l'abeille murmurait en planant sur le calice des fleurs, ou s'enivrait de leur suc , le bout des ailes tendues vers le ciel. J'aperçois une ferme, puis un château. Je vois en passant trois mauvaises ruches en bois felé dont une seule paraissait faiblement habitée. Et cependant là étaient des prairies, des jardins fleuris, et autour s'élevaient en gradins de riantes collines , ou l'Hysope, le Thim, la Sariette, la Marjolaine, le Romarin, l'Aspic, la Lavande et le beaume bâtard des ruisseaux mariaient l'essence de leurs parfums !

Je m'adressai au fermier, qui se nommait Jean, et je lui demandai s'il n'avait pas du miel à vendre : nous n'en avons pas pour faire de la tisanne, répondit ce dernier. Mais si vous voulez attendre le mois de septembre, époque où nous étouffons les abeilles pour avoir le miel, on pourrait vous en céder un kilog ou deux; vous repasserez, d'ailleurs, cela regarde aussi mon maitre M. le Comte de X.

MARCELLIN.

Auriez-vous la bonté de me présenter à M. le Comte, je serai bien aise de lui soumettre un projet.

JEAN.

Très volontiers, d'autant que notre maitre aimions les choses nouvelles, suivez-moi s'il vous plait ! Nous arrivons au château chez M. le Comte qui sortait de table et qui, par conséquent, avait une raison de moins pour s'opposer à la lecture de mon petit livre.

Voilà, dit Jean à M. le Comte, un visiteur qui désire parler à Monsieur au sujet de je ne savons quoi, il a beaucoup examiné notre petit rucher, et il a eu l'air de ne pas en être beaucoup satisfait; à présent je me retirion...

MARCELLIN.

Non, restez je vous en prie, M° Jean; ce que j'ai à dire intéresse M. le Comte et vous.

LE COMTE.

Restez Jean.

MARCELLIN.

J'ai su M. le Comte, que vous étiez un ami du progrès. J'ai apporté quelques améliorations dans la culture des abeilles ; si vous ne jugez pas que je sois trop indiscret, je vous lirai mon travail ; puis vous aurez la bonté de me donner votre avis. Je désire que M. Jean assiste à cette lecture, car je serai bien aise de savoir si mon opuscule sera aussi bien compris par le paysan que par le maître !

LE COMTE.

Lisez M. L'apiculteur, Jean. écoutez !

Alors je donnai connaissance à ces Messieurs du

Mémoire qui précède et dont la lecture amusera moins sans doute qu'un roman de Méry, d'Henri Murger. de Georges Sand ou d'Alphonse Karr ; je ne pouvais guère lier une intrigue passionnée dans une ruche, dans un sujet descriptif et scientifique, ni imiter Virgile qui, au sujet des abeilles, fit des contes si émouvants, mais si erronnés, comme la fable d'Aristhée !

J'avais achevé ma lecture, et je compris qu'on avait écouté ; alors m'adressaut à mes auditeurs composant un petit aréopage, je les remerciai de l'attention qu'ils avaient bien voulu me prêter, et je leur dis « MM. qu'en pensez-vous ? ai-je fait un travail utile, avez-vous bien compris ? qu'en pense d'abord M. le Comte ? »

LE COMTE.

Monsieur, votre Mémoire m'a fortement intéressé, mais il contient tant de petits détails, que sans avoir le livre et les dessins sous les yeux, on aurait de la peine à opérer comme vous, d'autant que dans tout ce qui est manuel, il y a toujours un peu du métier et que la pratique est nécessaire.

JEAN.

Pour moi je n'y avons pas saisi grand chose, à parler franchement.

LE COMTE.

Quoique je pense avoir compris votre système je ne serais pas fâché d'avoir recours à votre expérience vous êtes sans nul doute, M. Marcellin des Hautes-Alpes dont j'ai beaucoup entendu parler.

MARCELLIN.

Oui, M. le Comte.

LE COMTE.

Votre nom ne m'était pas inconnu, et même j'avais eu le désir de faire votre connaissance, car j'avais ouï dire que vous aviez fait avec plusieurs propriétaires des baux à mégerie pour l'exploitation des abeilles. Après ce que je viens d'entendre je ne serais éloigné d'être du nombre de ces Messieurs. Voici, je crois, comment vous avez traité avec eux. Le propriétaire fait construire un rucher en pierre ou brique sur son terrain au lieu le plus favorable que vous indiquez. Il achète de vous les ruches caisses ou hausses. Vous fournissez les premiers essaims; vous visitez de temps en temps le rucher; tous les frais de manipulation sont à votre compte, et le bénéfice annuel est partagé entre vous et le propriétaire. La nourriture aux champs n'est pas comptée; mais si en hiver et dans les jours trop secs de l'été, il y a un peu de vivre à administrer aux abeilles, il est fourni moitié par chacune des parties. Ce sont bien là, Monsieur, vos conditions si j'ai été bien informé?

MARCELLIN.

C'est bien cela M. le Comte;

LE COMTE.

Si je me décide à faire un rucher, il me faut plus de détails.

Jean, tu auras ta part dans l'entreprise, car M. Marcellin ne sera pas toujours là ; à l'époque de l'essaimage, il faudra que tu surveilles, que tu fasses monter la Reine. consentiras-tu à ce traité que je suis disposé à faire !

JEAN.

Je ferons ce que voudra M. le Comte; mais à vous dire vrai, je n'avons pas beaucoup de confiance dans les bêtes qui piquent tant... traitez si vous le jugez convenable, mais posez cette boutique là, croyez-moi, loin de votre château, loin, le plus loin possible de la maison de ferme, car notre femme qui étion si souvent piquée à la moindre contrariété n'a pas besoin de l'être encore par ces voisins si peu commodes ! d'ailleurs, prenez garde, M. le Comte, ces abeilles ne se genion guères pour manger nos raisins avant et pendant la vendange !

MARCELLIN.

Détrompez-vous Mᵉ Jean, l'abeille qui ne peut que succer d'après la conformation de sa bouche, n'attaque jamais le raisin, si la guêpe, dont la machoire est plus forte, n'a commencé la première à percer la peau de son grain, ou de la prune ou de la cerise ou autres fruits ;

Celui-ci est perdu quant la guêpe ou autres insectes l'ont piqué : donc l'abeille venant après la guêpe ne fait aucun mal ; au contraire elle tire du fruit piqué un suc qui serait perdu, et qui, rapporté à la ruche, donne un profit à son maître.

LE COMTE.

J'avais, en effet, remarqué ce fait, le long de mes espaliers. L'argument de Jean n'est pas fondé ! Enfin M. Marcellin seriez-vous disposé à accepter un nonveau bail d'exploitation apiculturale avec moi, si je vous en fesais la proposition? Jean serait, je le vois bien, moins disposé que moi à consentir à ce traité, parcequ'il a trop peur de vos protégées; mais j'obtiendrai peu à peu son assentiment.

MARCELLIN.

Je m'attendais, M. le Comte, aux objections et à l'indifférence apiculturale de M. Jean qui (et ce n'est pas sa faute !) n'a pas usé beaucoup de pantalons sur le banc des écoles; mais j'étais à peu près certain que je serais plus heureux auprès de vous; eh bien! je vous avouerai que, malgré tout le désir que j'aurais de vous être agréable, je ne pourrais répondre favorablemént à la proposition que vous me feriez à ce sujet, ayant déjà fait beaucoup de ces actes je n'ai plus assez de temps disponible pour le consacrer à de nouvelles conventions apiculturales de ce genre, je l'eusse accepté avec plaisir ; cela me devient impossible ! et c'est par suite de cet empêchement que je me suis décidé à publier mon manuscrit, car j'aurais été coupable en ne le publiant pas ! chacun doit à la Société le tribut de ses études et de ses labeurs ! je sais bien que je ne vais pas m'enrichir avec mon livre ; mais je suis convaincu que les quantités de miel et de cire augmenteront par suite de l'application de mon système, et qu'un jour la France ne jettera plus son or au-delà de ses frontières pour acheter ces substances précieuses !

Si je ne puis consentir à de nouveaux traités je viendrai présider à l'installation de votre rucher, quand vous m'aurez vu en action, vous en saurez autant que moi ! c'est pour arriver à ce but que j'ai précisé, du mieux que je l'ai pu dans mon opuscule toutes les opérations, sans rien garder de secret ; j'ai déjà refusé des baux à plusieurs propriétaires, je les prie de ne pas m'en vouloir ; le temps est limité pour chaque homme dans un certain nombre d'heures par jour. Mais j'aurai toujours celui d'aller installer un rucher et de donner, le même jour, une leçon sur place pour enseigner les opérations à pratiquer et mettre chacun en état de bien comprendre les indications renfermées dans mon opuscule.

Ami Jean, vous serez bientôt au courant de tout, consentez-vous à vous revêtir de ma blouse et de mon capuchon ?

JEAN.

Je voulons bien essayer, mais vous pouvez garder votre boutique de carnaval, je me ferons prêter le vêtement d'un père capucin, il faudra que votre abeille soit armée d'un long éguillon si elle veut traverser le double collet de drap de ces excellents pères !

LE COMTE.

Ce n'est pas mal imaginé ! Jean est un homme prudent ! qu'il ajoute au capuchon de drap un de mes couvre plats à treillage métallique, et il sera assuré contre l'invasion des mouches à miel.

Mais parlons sérieusement, M Marcellin ; avant de me lancer dans la construction d'un vaste rucher qui pourrait me coûter 4 ou 500 fr. peut-être, sans que le miel produit payàt l'intérêt du capital, ne serait-il pas plus sage de commencer par 3 ou 4 ruches simples avec ou sans vitres, que nous couvririons avec votre toiture à bascule ou de la paille pendant l'hiver ! Cela nous suffirait pour pouvoir nous initier aux secrets de votre rucher et profiter de vos leçons. Ensuite quand nous serons au courant de toutes les opérations nous ferons construire le rucher en pierre, ou celui en bois, quoi qu'il nous soit facile de juger que celui en pierre offre plus de chances de réussite, et présente plus d'économie en résultat, parce que la pierre ne joue pas comme le bois, et qu'elle permet de faire des essaims artificiels au moyen d'un calorifère.

MARCELLIN.

Votre idée est juste M. le Comte. Je puis vous envoyer, dès demain, plusieurs ruches à vitre, peintes à l'huile, à la céruse ; procurez-vous quelques essaims dans les environs, car voici le temps des essaimages, et je viendrai vous donner ma leçon gratuite et pratique, sauf les frais de voyage et deux œufs sur le plat.

LE COMTE.

C'est accepté, M. Marcellin ; mais, en attendant auriez-vous la complaisance de faire succinctement l'analyse de votre mémoire, c'est-à-dire de me préciser les points les plus importants de votre système, afin que nous puissions, d'un seul coup d'œil, juger des progrès que vous pensez avoir introduits dans l'art de l'apiculture. C'est un résumé qu'il nous faut.

MARCELLIN.

Par l'application de mes procédés :

1° On ne détruit plus les abeilles pour récolter le miel et la cire. C'était une barbarie que d'arracher la vie à un animal qui soutient la nôtre à l'état de maladie comme à celui de pleine santé. Avec le jeu de mes trois boîtes ou hausses de ma ruche et un peu de fumée j'enlève les rayons sans tuer une seule abeille ;

2° Je retiens les essaims prêts à partir, dans la ruche même, ce qui est d'une importance extrême. Et de plus, au moyen d'un calorifère je multiplie les essaims en grand nombre et bien avant le temps de l'essaimage.

3° Si malgré une active surveillance, les essaims sortent de la ruche, je les reprends après leur premier vol ; je fais plus, je les force à s'abattre sur le plus prochain buisson ou arbre, en leur jettant du sable ou de la terre pendant qu'ils tourbillonnent avant de se poser, et je signale les divers moyens qui m'ont réussi pour les saisir et les remettre au rucher.

4° Je réunis les essaims faibles pour les convertir en essaims forts, qui seuls produisent beaucoup en essaims nouveaux, en miel et en cire.

5° Je taille les ruches sans danger pour les *abeilles après l'essaimage et non au mois de septembre, parceque c'est le moment de faire du vide dans la ruche où va se développer une grande activité chez les abeilles qui veulent profiter de l'arrière saison des fleurs pour renouveler rapidement leurs provisions.*

6° J'ai inventé un couvercle mobile sans lequel il serait impossible de se livrer aux opérations signalées ci-dessus.

7° J'ai eu l'idée de construire une mangeoire posée en-dessus de la ruche, et qui offre le précieux avantage de nourrir l'abeille sans qu'elle soit exposée aux rigueurs du froid et sans que les abeilles étrangères à la ruche puissent lui disputer la nourriture qui n'est servie que pour elle.

8° Enfin, j'indique la fabrication la plus simple de la cire après la séparation du miel. Puis je livre au prix le plus bas les divers instruments et appareils nécessaires à toutes les opérations de l'apiculture.

LE COMTE.

Il me semble que vous avez tout simplement perfectionné les inventions déjà faites par vos prédécesseurs.

MARCELLIN.

Telle est, M. le Comte, la marche de l'esprit humain ; le progrès se compose d'une succession d'idées qui ajoutent des améliorations nouvelles aux anciennes ; j'ai profité évidemment des travaux importants de mes devanciers ; je crois avoir rendu aux trois grands apiculteurs de notre époque M. de Beauvoys, M. François Roux et le général de Mirbec la justice qui leur est due. Mais tout en reconnaissant les services qu'ils ont rendus à la cause de l'apiculture, j'ai dû signaler avec détails et précision le côté faible de leurs systèmes et y remédier par de nouvelles combinaisons; je l'ai fait, je crois, avec autant de vérité que de convenances, je fais appel à leur propre témoignage. L'idée seule de mon couvercle mobile constitue un progrès tel qu'il fait presque une révolution en apiculture; telle est ma profonde conviction.

JEAN.

Parbleu! il me semble que ce couvercle n'est pas une si grande affaire! il y en a un aussi de convercle mobile sur les grandes marmites où je fesons cuire les pommes de terre pour (en parlant sans respect) la nourriture de notre cochon !

LE COMTE (*riant*).

Oh! le couvercle, Jean n'est pas chose nouvelle ; mais l'application à la ruche aux trois boîtes n'avait pas eu lieu encore, et je comprends les avantages qui vont en résulter.

JEAN.

Passe pour le couvercle et la mangeoire qui coupe les vivres aux insectes étrangers à la ruche, mais comment peut-on croire à tout ce que nous dit de si biau M. Marcellin quand il raconte que les abeilles sont si savantes !

Le Comte.

Ceci est un peu vrai, M. l'Apiculteur ! s'il fallait vous en croire, une seule abeille aurait plus de génie à elle seule que les quarante de l'Académie Française ! comment pouvez-vous affirmer que ces insectes font tant de calculs habiles, ont tant de prévoyance ! savez-vous que vous divinisez presque cet animal si exigu ! je crains que vous ne soyez un homme d'imagination et que vous vous abusiez un peu.

Jean.

En effet vos bêtes ont l'air d'en savoir plus que nous ! celà étion ben fort !

Marcellin.

Je ne dis pas, Messieurs, que ma petite abeille,
Ait du génie autant que Racine et Corneille !

Mais je soutiens qu'elle a beaucoup de jugement et qu'elle peut nous donner des leçons sur beaucoup de choses ; je ne suis pas le seul observateur des faits et gestes de ces animaux si intéressants. Mais pour ma part je les ai beaucoup étudié, voulez-vous, entre autres, un trait singulier de leur sagacité politique ?

Le voici :

L'homme pourrait peut-être, à la rigueur, vivre sans un roi ; l'abeille ne peut exister sans avoir une reine qui doit diriger et surveiller ses travaux.

Elle a pour elle de l'attachement et du respect, aussi lorsque la Reine qui la gouverne meurt dans la ruche, les abeilles procèdent à ses funérailles et suivent son convoi jusqu'à destination; puis rentrées dans le palais vœuf de la royauté, elles vérifient desuite s'il y a du couvain ou des œufs au centre d'un rayon, et s'il s'en trouve, elles se hâtent d'élever sur un point de ce couvain un ou plusieurs alvéoles royaux (Fig. 17) pour faire éclore une reine nouvelle qui puis se remplacer la reine défunte. Dès qu'elles ont rempli ce devoir, leur inquiétude s'affaiblit. L'espoir de voir bientôt éclore l'héritière du Sceptre les ranime; elles reprennent avec ardeur leurs occupations ordinaires. Mais pour prévenir la perte d'une colonie qui ne peut vivre que très peu de temps sans posséder une Reine, il est du devoir d'un apiculteur de tâcher toujours de réunir les colonies faibles, parce que sur les deux il y en aura toujours une qui sera munie de sa Reine; il y aura d'ailleurs plus de calorique dans la ruche devenue plus fournie en abeilles; et la colonie ainsi augmentée pourra mieux résister au froid et à ses ennemis; sa prospérité, dès lors, sera plus assurée; au printemps elle donnera de beaux essaims et à la taille plus de miel et de cire. Il y aura, de plus, économie dans le nombre des ruches que ces petits essaims infructueux occuperaient inutilement.

Le Comte.

Ces détails sont très intéressants et j'avoue qu'une ruche à vitre peut amuser nos dames beaucoup plus qu'une partie au loto, ou au cinq cents. Allons c'est décidé... nous élèverons quelques essaims, et nous aurons soin de retenir ceux qui voudraient s'échapper.

Marcellin.

Ce serait même pratiquer un acte d'hospitalité, car si un essaim s'envole au loin il est bien plus exposé à se perdre que dans une bonne ruche protégée par l'apiculteur, et qui, à coup sûr, vaut mieux que les ruches anciennes de nos bons ayeux.

Examinez celles qui sont formées ou d'un vieux tronc d'arbre ou de quatre planches pourries dont les jointures s'ouvrent et laissent pénétrer l'air, la pluie, les lézards, les belettes et les souris. Aussi combien d'abeilles désertent ces demeures inhabitables et vont au loin chercher le creux d'un rocher ! j'ai vu plus d'une fois, des essaims voler d'arbre en arbre jusques dans nos cités. Un jour même j'ai vu un essaim, sans domicile, aller se grouper sur une branche d'orme en face de l'Hôtel de Ville, et, qui semblable à un indigent sans abri, avait l'air de demander à la mairie, un billet de logement !

Jean.

J'avons vu plus que cela ; un essaim égaré se posa un jour dans la cloche de notre église, et comme le battant ne jouait plus, le bédeau faillit se démancher le bras ; et les paroissiens manquèrent la messe !

LE COMTE.

Bravo, Jean, celle-là est bonne! c'est de plus fort en plus fort! tu vois donc par là, toi qui est un peu dévot qu'il nous faudra pour éviter cet accident avoir des ruches Marcellin! mais tu n'étouffferas plus ces pauvres abeilles.

JEAN.

Dieu m'en garde !

LE COMTE.

Est-ce qu'on étouffe partout les abeilles, comme en Provence au mois de septembre?

MARCELLIN.

Non, M. le Comte, dans le Nord de la France on est beaucoup plus avancé en apiculture. Dans le Vivarais, le Dauphiné et le Nord des Basses-Alpes, les ruches, il est vrai, sont les mêmes que celles usitées en Provence, mais elles sont plus soignées. On a la précaution de les visiter quand le froid commence à se faire sentir. On met près des ruches ou au-dessous de celles-ci, des assiettes pleines de miel ou de confiture, on bouche les trous occasionnés par la vétusté, sauf celui qui doit donner passage à un peu d'air, en attendant la neige qui ne tarde pas à enfouir les ruches et à les préserver du froid rigoureux jusques au mois de mars, mieux que ne ferait la meilleure couverture de paille ou de laine. Et puis dans ces pays les ruches sont adossées à de fortes redoutes qui les protègent contre les vents du nord. C'est donc au mois de mars que les ruches se dépouillent de leur robe blanche, et que les abeilles sortant de leur engourdissement, commencent, en petit nombre, à chercher dans les endroits abrités le suc précoce de quelques violettes printannières ; leur possesseur suit avec avidité ce premier mouvement des abeilles; c'est en ce moment qu'il fait la récolte du miel. Le propriétaire ou le fermier, s'il ne sait faire la taille lui-même, appelle un prétendu apiculteur qui arrive sans blouse, sans masque, et mal outillé; il ne soulève pas les ruches pour tâcher d'en reconnaître le poids (ce qu'il devrait toujours faire pour n'opérer la taille que sur celles qui sont en état de fournir une récolte satisfaisante). Il commence par un bout du rucher et ne s'arrête qu'à l'autre extrémité, il soulève ou arrache le couvercle de la première, il souffle à force de gosier sur une fumée épaisse dont il est lui-même suffoqué, avant que les abeilles en soient atteintes, sans voir que des étincelles de feu entrent successivement dans la ruche et brûlent les ailes de beaucoup d'abeilles qui sont perdues pour lui. Les abeilles ainsi brusquement refoulées au fond de la ruche, sont en révolution. Alors l'opérateur, aveuglé par la fumée, prend rapidement son outil qui est sans affut, beaucoup plus gros et lourd qu'il ne le faudrait, et il le plonge dans les rayons brutalement, ce qui fait couler et perdre autant de miel qu'il en retirera (tout en les déchirant); ce qui enduit les ailes de ces insectes qui ne peuvent plus voler dans les airs. Cet ignorant opérateur, (car on ne peut décemment lui donner le nom d'apiculteur) remet le couvercle, renverse la ruche après avoir retiré un grand morceau de linge qui empêchait les abeilles de sortir; il souffle encore de la fumée, lance des étincelles de feu, brûle des ailes et enfonce encore son couteau meurtrier dans les rayons dont un tiers est massacré, et n'est bon que pour faire de la cire.

Ainsi la ruche se trouve dépouillée aux deux tiers; puis l'opérateur passe à un autre ruche sur laquelle il opère aussi maladroitement. Il doit résulter de grands désordres d'un pareil procédé.

Voilà le résultat d'une taille si peu raisonnée, qui nuit à la reproduction des abeilles et occasionne une grande perte sur la qualité du miel et la reproduction des essaims.

1° Les ruches ainsi traitées ne tardent pas à être désorganisées, car la propolis (ou cire végétale recueillie par les abeilles sur les bourgeons de pin,

cerisier, peuplier, etc.) qui sert à coller leur couvercles, se trouvant décrépie les abeilles, (peu
actives dans ce moment,) ne peuvent remédier que
très lentement à ce désordre ; puis il s'établit un
courant d'air, occasionné par le vide fait dans la
ruche dans les deux extrémités de celle-ci, qui
passe par le couvercle mal jointé; et comme dans
ces climats il règne encore des séries de jours très
froids, la mort des abeilles survient assez souvent.

2° La reine mère, dès que les abeilles commencent à se livrer à leurs travaux et à modifier
le degré de température suffisant pour tirer la reine
de son engourdissement (car elle est très frileuse)
se ranime, et se trouve au milieu de morceaux de
rayons noircis par le temps, à cause du peu de
couvain qui est placé presque toujours au centre
de la ruche, conservé par les abeilles, provenant de
la ponte d'automne. Cette partie de gâteaux n'ayant
pas été renouvelée, la Reine ne peut plus pondre.

Le renouvellement des rayons ne peut s'opérer
que dans les ruches à hausse, à moins qu'on ne
fasse un transvasement, lequel est nécessaire après
un laps de trois années. Rien n'est plus nuisible
aux abeilles que le non renouvellement des rayons.

Le même inconvénient existe aussi dans les
ruches à panier, principalement dans celles à ca-
pote mobile, ou capotin, dont on fait usage dans
plusieurs régions du Nord. Vous avez compris sans

aucun doute l'importance de ces observations qui avaient échappé à l'attention de nos plus habiles apiculteurs.

Le Comte.

Mais que fait la Reine au milieu de ces ruines noircies comme si le canon des batailles avait passé par là et fait le siège de la ruche?

Marcellin.

La reine est toujours dans les quelques hauts rayons qui ont échappé à la démolition, impatiente de commencer sa ponte, cherchant des alvéoles propres à recevoir ses œufs; et elle ne rencontre que des alvéoles vermoulus, occupés par l'ancien couvain, par le pollen ou du miel. Elle s'irrite d'être obligée de contenir ses œufs. Les abeilles qui suivent de près la situation embarrassante de la reine, réfléchissent pour savoir le parti qu'elles doivent prendre, et si elles souderont un rayon nouveau aux rayons délabrés (qui pendent comme des loques,) ou au couvercle décrépi de la ruche; Presque toujours le résultat de la conférence est qu'elles continueront à batir par dessous, d'autant qu'il leur est plus facile de construire au-dessous que par dessus. Mais aussi elles n'aiment pas à avoir du vide au-dessus d'elles. Voici leur calcul que j'ai surpris à force d'examen. Elles se disent avec un instinct admirable de prévoyance. « Si nous travaillons au-dessous des vieux rayons délabrés nous aurons plus vite bâti des cellules, et la reine qui souffre de ne pouvoir pondre n'aura pas longtemps à attendre. Si au contraire nous construisons en dessus, il nous faudra former deux chantiers! or, nous ne sommes jamais très-nombreuses avant la ponte de notre reine; le travail n'avancera pas assez vite, et le couvain ne pourra être déposé à temps par la reine dans des alvéoles non terminés. Ainsi donc, nos sœurs, à l'œuvre! pas de perte de temps, que les unes soignent le couvain, et que les autres montent et aillent se grouper au couvercle de la ruche pour bâtir des rayons! »

JEAN.

Je ne savions pas que les abeilles parlaient!

MARCELLIN.

Elles parlent tellement que je vous cite leurs propres paroles.

Aussitôt la colonie, dont l'accord est plus parfait et plus exemplaire que celui qui règne parmi les membres de plus d'une famille, même chrétienne, se met au travail. Les unes réorganisent soudent, radoubent, calfatent avec la propolis ou de la cire, les rayons avariés qui peuvent encore servir, et prennent un soin extrême du couvain qui s'y trouve contenu; les autres montent en forme d'essaim, et vont se grouper au couvercle intérieur de la ruche comme si c'était le jour de leur première entrée.

Le couvain renfermé dans les alvéoles du bas de la ruche sera très long à éclore à cause de l'absence de la chaleur; Et la reine ne se décidera à monter dans les constructions nouvelles que lorsque celles-ci seront en contact immédiat avec les anciennes, soit par l'effet du prolongement des nouveaux rayons, soit par la jonction des abeilles qui serviront d'échelle à la Reine.

Par suite de cette taille fatale et des accidents qu'elle fait naître, une colonie forte éprouvera au moins un mois de retard ; et une plus faible est dans le cas de manquer de couvain, ce qui cause une perte considérable ; car si les ruches ne sont en pleine activité que fin juin ou juillet, au lieu de s'y trouver en mai, elles produiront des essaims faibles et en petit nombre ; et souvent, si la colonie était faible, aucun essaim ne sera formé.

LE COMTE.

Je reconnais que cette taille dont vous venez de parler est nuisible à la recolte et à la reproduction des essaims ; mais il m'a semblé comprendre que vous avez aussi accusé le miel extrait de perdre de sa valeur. Quelle en est la raison?

MARCELLIN.

Dans un climat aussi froid que le Dauphiné, une fois la récolte achevée, le miel ne peut plus s'écouler ni au soleil ni même dans le miellificateur ; alors on est forcé de faire la séparation du miel et de la cire au moyen de la chaleur artificielle, c'est-à-dire du feu; Ce qui brunit et détériore le miel au point qu'il se rapproche de l'aspect et de la qualité de la melasse.

Cette manière d'opérer est cause que dans ces localités, ou en raison de l'abondance et de la beauté des fleurs on pourrait obtenir un miel aussi bon que celui de Narbonne ou du Gatinais, on ne recueille qu'un miel de très basse qualité; car selon mes calculs il a perdu moitié au moins de sa valeur dans le commerce.

Il suit de là que dans ce pays on devrait toujours avoir le soin de pratiquer la taille après la sortie des essaims et non au mois de mars, époque où on a l'habitude de tailler les ruches.

Jean.

Eh ! bien, M. Marcellin, vos abeilles ne disent plus rien! avec vous, j'en apprenions de belles, voilà à présent que les abeilles tiennent conseil et raisonnent presque aussi bien que les membres de notre conseil municipal!

Le Comte.

Jean, je crois que M. l'Apiculteur est dans le vrai. Si les abeilles ne parlent pas, elles agissent avec plus de logique peut être que si elles avaient fait leur cours de réthorique au collège! pour moi j'avoue que mon professeur n'était pas de cette force là, et cependant il passait pour le plus fort parmi ses confrères qui étaient tous des hommes de génie !

JEAN.

Mais ces petits animaux ont donc le diable au corps !

MARCELLIN.

Un peu, M⁰ Jean ! est-ce que tous les animaux ne raisonnent pas juste dans leur genre et à leur manière dans la limite de leurs besoins ! est-ce que l'araignée lorsqu'elle pose de la colle sur un mur avant d'y souder son fil circulaire avec des traverses de soutien et à des distances telles que les mouches y seront retenues, n'a pas agi avec discernement !

Lorsque la fourmi fait sa provision de grains, et que plus tard, s'il vient à pleuvoir elle les sort, l'un après l'autre, pour les exposer au soleil et les faire sécher, est-ce qu'elle n'a pas prévu que ce grain eût germé en terre et eût été perdu dans ses magasins ! Ah Jean ! qui sait si tu en as toujours fait autant, si parfois, tu n'as pas laissé trop germer tes pommes de terre à la cave, au lieu de les poser en lieu sec.

JEAN (souriant).

La chose m'est arrivée le mois passé, mes tubercules avaient une barbe de capucin ! je serais donc plus bête qu'une fourmi ?

Marcellin.

Je ne dis pas cela, mais on pourrait croire que vous avez été moins prévoyant qu'elle !

Le Comte.

Et Jean n'est pas le seul qui se laisse surprendre par suite d'irréflexion ! qui sait même si l'homme ne serait pas l'être qui a le moins de jugement à cause des passions qui l'égarent si souvent, et de son imagination trop vive dont les ailes le transportent parfois au delà du vrai !

Marcellin.

Ne m'étant jamais occupé que des abeilles, je ne pourrai juger de la portée de cette réflexion philosophique ; Mais je puis vous certifier que ces animaux ont beaucoup d'art, d'instinct, ou de jugement. En voici une preuve de laquelle il résultera aussi que certains apiculteurs sont moins avancés que les mouches à miel dans l'art des combinaisons.

Les abeilles forment une branche de revenu dans une ferme. Il n'est donc pas un cultivateur qui ne dût avoir des ruches ; eh bien ! le nombre de ceux qui en possédent est extrêmement petit ; Et ceux qui en ont quelques-unes ne vont presque jamais les visiter. Et cependant il faudrait un peu de surveillance surtout au printemps. A cette époque il est essentiel de visiter les ruches pour savoir si

celle-ci a jeté son premier essaim, si aucun ennemi apparent ne s'est présenté dans la place,
enfin si tout va bien ou mal.

A la vue du grand ou du petit nombre des
abeilles qui entrent ou qui sortent, on juge facile-
lement si le premier essaim est sorti, ou s'il est
prêt à partir. Dans ce dernier cas on entend un
bourdonnement très prononcé qui fait, à coup sûr,
présager la sortie prochaine. Mais, hélas! on a peur
de l'abeille, ou on la considère comme donnant un
produit insignifiant, et on néglige le rucher, ou si
on va lui faire une visite, c'est le soir, après le
travail des champs; on se contente alors de passer
une revue rapide et incomplette; on examine les
arbres environnants du rucher pour voir tout simplement s'il n'y a pas d'essaim groupé sur une
branche. On en trouve quelquefois, mais si on ne
les cueille pas desuite, si on renvoie au lendemain,
la colonie nouvelle a souvent pris son vol, et se
constitue à l'état d'essaim fuyard, allant au loin se
nicher dans le creux d'un vieux arbre, et le plus
souvent dans la cavité d'un rocher escarpé, où il
devient invisible; seulement les bergers voient
plus tard couler du sommet d'une roche un petit
filet de miel sans apercevoir les artisanes qui
l'ont produit.

J'ai fait un petit calcul; c'est qu'en Provence la
moitié environ des essaims produits par les ruches

de cette contrée s'envole et échappe à la possession des apiculteurs trop inattentifs, et trop imprévoyants. Souvent aussi, pour ne pas se constituer en la moindre dépense, et ne pas acheter une modeste ruche, ou joindre quatre mauvaises planchettes ensemble, on laisse partir l'essaim, ou si on le recueille on le jette comme un vil fardeau dans quelque vieille ruche toute chironnée presque pourrie et laissant passer le soleil et le vent au travers de ses jointures, ou dans un demi baril moisi, ou une jarre fêlée, ou une caisse d'emballage disjointe, aux clous rouillés et à moitié détachés !

Eh ! bien, sachez que les abeilles sont de petites et bonnes demoiselles qui ont assez d'amour propre pour ne pas vouloir qu'on les traite ainsi sans façons ; si elles ne recherchent pas le luxe, comme les grands, elles aiment le confortable, au moins un logement sûr, abrité contre le froid et la pluie, d'autant qu'elles paient au propriétaire un assez fort loyer !

Je n'ai pas été tout-à-fait maladroit en quittant le Dauphiné pour venir m'établir en Provence, car ce dernier pays est celui où il y a le plus d'essaims envolés. Or, comme on sait que je taille les ruches, que je saisis les essaims partout, à moins qu'ils ne soient aussi insaisissables que la rente sur l'État, je suis souvent appelé pour aller opérer soit dans les embrasures des vieilles fenêtres abandonnées, soit dans les coins et recoins des tuyaux de cheminées, dans des crevasses d'arbres séculaires ou enfin dans des cavités de roches taillées à pic et presque inaccessibles. C'est par suite de ces excursions nombreuses et dont le privilège ne m'est disputé par personne, que j'ai été conduit à observer que dans un rayon seulement de deux lieues environ autour de la ville d'Aix-en-Provence, il y a 200 ruches établies dans les conditions ordinaires et 130 essaims fuyards qui ont conquis leurs liberté.

Le Comte.

Ce calcul est triste ; mais il sera utile en ce qu'il nous éclairera sur la marche à suivre désormais. Pour ma part, je veux m'aider à diminuer le nombre des transfuges. Si Jean n'a pas le temps de surveiller notre rucher j'offrirai à ses petits enfants 50 centimes par essaim signalé, et une bonne tartine de miel. J'ai retenu cette leçon dans votre manuscrit.

Marcelin.

Ah ! il est de fait que j'ai fait, dans mon enfance une grande consommation de tartines miellées, et sans ce pain, doré sur tranche, je ne serais pas devenu, peut-être, un apiculteur sérieux, et capable de répondre à des questions apiculturales qui eussent embarrassé mes devanciers.

LE COMTE.

Eh ! bien je vais profiter de votre défi, et vous poser deux questions qui n'ont pas été résolues d'après ce que j'ai lu dans les œuvres de nos plus grands apiculteurs.

MARCELLIN.

Parlez, Monsieur le Comte !

LE COMTE.

Quand une ruche se trouve faible, soit par l'épuisement provenant de la sortie de trop d'essaims ou par maladie ou le ravage fait par les ennemis de l'abeille, et qu'elle est pourtant pleine de rayons à la fin de l'automne, quelles précaution prenez-vous pour que la ruche puisse passer la saison d'hiver sans inconvénient, et ne pas périr de froid, ce qui arrive, dites-vous, lorsque les abeilles sont en petit nombre, puisqu'elles manquent du calorique qui est toujours provoqué à la suite d'une grande réunion de sujets.

MARCELLIN.

Il est de fait que chaque abeille, (comme chacun de nous dans une salle), apporte dans la ruche une petite portion de calorique qui multipliée par 20 ou 30,000 insectes produit une température assez élevée pour que la colonie puisse combattre le froid extérieur en hiver, il est donc évident que si la colonie n'est plus qu'au nombre de 10,000 par exemple, il y a une forte diminution de calorique dans l'intérieur de la ruche.

Voici ce que je fais pour vaincre cette difficulté, j'enlève sur les trois boîtes dont se compose ma ruche reconnue faible en nombre d'abeilles, celle de la base qui renferme toujours les rayons les plus nouveaux, puisque l'abeille travaille comme le ramoneur, *de haut en bas;* tout à l'heure je vous indiquerai la destination de cette boîte, dite de la *base* ; pour le moment je dois vous dire pourquoi j'enlève cette boîte. Les abeilles étant en petit nombre se tiendront bien plus chaudement entre elles dans deux boîtes que dans trois ; il y aura moins d'espace à chauffer. L'hiver se passera sans accidents fâcheux, voilà la réponse principale que je fais à votre question, M. le Comte, mais à présent je vais vous marquer ce que je fais de la boîte soustraite à la ruche, réduite à deux compartiments ou hausses. Si cette boîte n'avait pas de rayons, je n'en ferais autre chose que de la mettre de côté; mais si elle contient des rayons (lesquels sont toujours les plus nouveaux de la ruche et les moins riches en cire), j'ai intérêt à les conserver. Alors je la place dans un endroit qui soit frais sans être humide, après l'avoir enfumée avec des plantes aromatiques et avoir répandu au dedans quelques morceaux de soufre en canon, ou de la sciure de cyprés (avis aux dames qui tiennent à préserver de la fausse teigne leurs vêtements de laine et leurs fourrures, pendant l'été!) ce qui éloigne cet insecte.

Je ne dépose pas cette boîte dans le lieu indiqué sans en avoir fermé toutes les ouvertures avec de la colle à farine posée sur les feuilles de papier qui doivent l'envelopper. La colle forte ne vaut rien dans ce cas, parce qu'elle se retire à un point que la partie collée est obligée de céder.

Lorsque le printemps arrivera, je prendrai cette boîte et je l'exposerai ouverte et renversée pendant vingt-quatre heures à l'air libre, à l'effet que l'odeur du soufre n'incommode pas les abeilles; ensuite je la pose à son ancienne place sous les deux boîtes de la ruche qui était faible, ou je la conserve jusqu'à la fin de l'essaimage pour recueillir les essaims secondaires ou tertiaires qui seraient trop faibles.

Voici ce qui se réalise dans les deux cas; si je remets la boite à base sous les deux boîtes de la ruche ancienne, les abeilles trouvant des rayons prêts, excitent la Reine à faire sa ponte de suite et travaillent avec ardeur à apporter du miel au lieu de construire des cellules; c'est du temps de gagné! et le temps est précieux au mois d'avril!

Ainsi à l'aide de ce procédé j'ai sauvé les abeilles de la rigueur de l'hiver, et j'ai hâté la reprise des travaux, et la ponte de la Reine, si disposée à déposer du couvain. Par suite la récolte sera plus forte en miel et en cire ; et il naitra probablement de beaux et bons essaims plutôt qu'à l'ordinaire.

Dans le second cas, celui où j'ai préféré me servir de la boite à base pour recueillir un essaim faible, voici le phénomène qui se produit.

L'essaim faible aurait perdu toujours et au moins un mois ou un mois et demi à construire des rayons semblables à ceux qui sont dans la boîte à base de l'ancienne ruche ; or comme nous sommes au printemps, c'est-à-dire, à la saison la plus abondante en fleurs, la plus féconde en production de cire et de miel ; l'essaim va garnir les cellules faites au lieu de consacrer son temps au métier d'architecte. La Reine ne perdra pas de temps ; trouvant des alvéoles frais bien conservés, elle va se hâter de pondre. La colonie va augmenter considérablement et de bonne heure ; il surviendra donc inévitablement beaucoup de miel et de cire ; et l'essaim deviendra fort de faible qu'il était ; il rivalisera avec les premiers essaims toujours plus fournis en sujets vigoureux.

Le Comte.

Je suis satisfaits de vos explications M. L'apiculteur, et je suis impatient de faire plus ample connaissance avec vos protégées.

MARCELLIN.

Vous en aurez d'autant moins de regret M. le
Comte, qu'elles nous offrent non seulement des
produits utiles et agréables., mais d'excellentes
leçons de moralités !

LE COMTE.

Vous allez donc rivaliser avec Jean de Lafontaine.

JEAN.

M. Marcellin veut donc se mettre à ma place et
me ravir mon nom de Jean.

LE COMTE.

Oh ! ne crains rien, Jean, il 'agit d'un autre Jean
qui fit parler tous les animaux depuis le moucheron
jusqu'au lion, et qui se servit de cette petite ruse
pour essayer de corriger les hommes, parce que,
de son temps, on ne pouvait pas émettre certaines
vérités sans courir la chance d'aller faire un pelé-
rinage forcé à la Bastille.

MARCELLIN.

A présent c'est bien différent, et chacun dit
librement les choses, comme elles sont, depuis le
suffrage universel qui fait que nous sommes chacun
une partie intégrante du tout. Mais si le bon Lafontaine avait vécu de nos jours il n'aurait pas eu
besoin de la langue de tant de bêtes pour enseigner
la vérité aux hommes. Avec l'abeille seule il eut
composé son cours entier de morale.

Le Comte.

Comment entendez-vous cette restriction?

Jean.

A présent les bêtes vont nous faire de biaux sermons; la ruche servira de chaire, mais il n'y aura guère d'auditeurs, car personne n'aime à se faire piquer; c'est que ça pique!

Marcellin.

Vous allez me comprendre si je vous démontre que l'abeille (à elle seule) donne à l'homme autant de bonnes leçons sur tous les points de la morale même chrétienne que tous nos fabulistes et nos bons prédicateurs! A quoi bon aller troubler le lion et le léopard dans les rochers de la Numidie et la hyène dans ses forêts africaines, si une simple abeille qui papillonne à notre porte nous apprend ce qu'il est essentiel de connaître dans nos rapports humanitaires!

Jean.

Ah! pourquoi M. le Curé n'est-il pas là pour s'instruire au prône d'une abeille!

Marcellin.

Vous riez, Jean, mais M. le Comte est sérieux! il se doute de ce que je vais dire!

Le Comte.

Pas entièrement, mais je suis disposé à vous écouter comme si M. le Curé avait la parole.

MARCELLIN.

Eh! bien, oui, l'abeille peut donner les leçons
aux peuples comme aux Rois, aux grands comme
aux petits; mais les grands en ont plus besoin que
les petits, et le jour ou ces leçons seront partout
comprises et mises en pratique, il n'y aura plus de
trouble ni de haine dans les familles, plus de révolution dans les États, plus de guerre entre les
nations voisines; une commotion fraternelle élec-
trisera tous les hommes, quel que soit le lieu de
leur naissance, il n'y aura plus qu'un peuple dans
l'univers.

LE COMTE.

Quel début à propos d'une modeste abeille !
Allons parlez, Monsieur, je me sens tout oreille !

MARCELLIN.

Je pourrai bien vous répondre aussi en Alexan-
drins, M. le Comte, mais cela sentirait l'esprit de
recherche ; avec la prose on dit aussi bien et on
formule sa pensée ; et cependant le sujet que j'ai
à traiter vaudrait bien l'honneur d'avoir son poète.

Pour chanter d'une ruche et l'abeille et la mère !
A Virgile il faudrait joindre, encore, un Homère !

LE COMTE.

Décidément les actions des abeilles vont augmenter en bourse !

MARCELLIN.

C'est en étudiant ce petit insecte que j'ai

reconnu ces divers points de morale dont elle est le modèle vivant. Elle nous offre des leçons de toute nature, elle est un modèle accompli de reconnaissance envers son maître qui lui prodigue des soins, de piété filiale, de tendresse, de soins, de soumission et de respect envers les auteurs de nos jours, de fraternité entre les membres d'une même famille, d'hospitalité envers l'étranger vaincu par un mauvais destin, de résignation aux ordres des gouvernants, de l'amour du travail, de l'esprit de prévision, de l'économie, de la propreté domestique, et enfin du courage en cas d'une attaque injuste ! L'abeille Reine apprend aussi aux rois à aimer, à surveiller leurs peuples, à les exciter au travail, à les pousser vers l'économie, à les diriger dans les meilleures voies, à les suivre partout, à les protéger jusqu'à leur mort, sans autre intérêt, que celui d'une affection réciproque, d'un dévouement sans limites !

Sans aucun doute, mes abeilles ont de la reconnaissance en raison des soins que je leur prodigue. Jamais je ne suis piqué par elles, à moins que je n'essaie de leur enlever le miel ! Dans ce cas de légitime défense, elles ne me ménageraient pas si je n'avais mon costume d'apiculteur ; car avant tout elles veulent vivre ! elles savent que l'hiver se compose de beaucoup de jours froids, et elles font comme l'homme qui défend sa fortune avec énergie quand un passant lui demande poliment et un pistolet à la main, la bourse ou la vie! mes abeilles me connaissent; j'en traverse à chaque instant du jour, les flots épais devant ma porte, je ne reçois jamais de piqure, et les personnes qui sont auprès de moi n'ont aussi rien à craindre d'elles, pourvu qu'elles ne gesticulent pas avec emportement. Mes abeilles comprennent qu'il faut respecter les personnes qui m'honorent de leurs visites et qui viennent prendre des leçons apiculturales.

JEAN.

C'est égal, quand j'irons vous voir dans votre royaume des abeilles, je me ferai prêter d'avance l'habit d'un père capucin et le tissu métallique d'un couvre plat; ce sera toujours plus prudent que d'aller vous voir, figure découverte! car ces bêtes là pourrions bien avoir une distraction, et malgré votre influence, me lancer un dard au milieu d'un œil; car un quinquet de moins, ce ne serait pas mon affaire, je ne pourrais plus filer droit avec ma charrue; le sillon ferait des zig-zag!

MARCELLIN.

Je disais que l'abeille nous offre le modèle le plus accompli de la piété filiale, de la soumission à ceux dont nous tenons le jour, après Dieu, il faut l'avouer avec douleur; le respect des enfants envers leur père et mère s'affaiblit tristement de plus en plus! et c'est ce sentiment surtout qu'il faudrait inspirer le plus à la jeunesse après lui avoir enseigné à aimer celui qui créa tout, et qui nous a permis d'assister au grand spectacle de la nature! un vieux proverbe aussi désolant qu'antique, dit qu'un père nourrirait cent enfants, et que cent enfants ne parviendraient pas à alimenter un père! ce mot désespérant serait bientôt anéanti, si les enfants, dès leur plus bas age, voyaient, par fois, à travers les vitraux de nos ruches, les témoignages d'affection que les abeilles prodiguent à leur mère!

Avec quel empressement elles entourent cette bonne mère! quel échange de tendre sollicitude, que de preuves d'affection, de respect de soumission envers cette Reine qui est moins une souveraine qu'une mère et une sœur! oh jeunes gens, vous qui avez reçu du ciel le privilège d'avoir encore près de vous les auteurs de vos jours, rendez-leur, avec effusion de cœur, une part des soins qu'ils vous ont prodigués pendant si longtemps! je dis une part, car jamais vous ne pourrez leur rendre tout ce qu'ils ont fait pour vous depuis le jour de votre naissance jusqu'à présent, quand vous étiez dans l'impuissance d'agir! ne vous préparez pas des regrets cuisants, et n'oubliez pas que si vous leur

manquez de respect, si vous les outragez au lieu
de leur donner des preuves de tendresse, l'éguillon
du remord beaucoup plus acéré que celui de l'a-
beille, vous piquera le cœur pendant tout le cours
de la vie et vous poursuivra de son dard meurtrier
jusque dans un autre monde!

JEAN.

Est-ce que votre prône ne pourrait pas être un
peu plus amusant, M. l'Apiculteur?

MARCELLIN.

Comme il vous plaira ; alors je vais vous prouver
que la culture des abeilles peut être très-utile au
cas où nos affaires prennent une tournure défavo-
rable, et que la prudence est la mère de la sûreté ;
laissons les longues tirades et venons au fait.

Un fermier de ma connaissance n'avait pas réussi
dans ses travaux ; le gel, la grêle, les vents l'épizootie
avaient détruit ses récoltes et son bétail ; il avait emprunté, il fallut payer. Le créancier poursuit, l'huissier vient pour saisir les récoltes ; celles-ci sont
nulles. Le mobilier est sans valeur ; le lit, certains
vases sont insaisissables? que fera l'agent de la loi? il
ne trouve à appréhender au corps que 6 ruches qui
étaient en train d'essaimer, car on était au mois de
mai. Comment saisir les abeilles dans ce moment
d'irruption et d'émeute, les compter et les coucher
toutes sur un procès-verbal avec un numéro d'ordre

à chacune? Les abeilles d'ailleurs très-perspicaces de leur nature surtout quand elles voient qu'on veut leur jouer un mauvais tour, se précipitent sur les mains et sur le visage de ce dernier, qui avait oublié de se munir d'alcali volatil (car c'est le remède le plus sûr pour guérir rapidement de la piqûre des guêpes et des abeilles;) mais comment dégager le bout de son nez sur lequel un demi-essaim s'était groupé et offrait le simulacre d'une truffe noire! quand il se serait fait assister de deux bons gendarmes, comment lutter contre 100,000 baïonnettes invisibles et toutes portant coup et blessure! il s'éloigne (c'est ce qu'il avait du mieux à faire!) il veut apposer un gardien, mais il n'en trouve pas; qui voudrait au prix de 1 f. par jour être piqué jusqu'au sang, et se voir assassiner sans émission visible du glaive! quel parti prendre? il ne peut emporter les ruches! personne ne veut l'aider dans cet enlèvement; s'il les laisse, le fermier les transportera la nuit sur un autre point. Enfin après avoir vainement tenu conseil secret avec lui-même, il désespère de trouver une solution, et piqué et repiqué de toutes manières il renonce à la saisie et retourne rendre compte au poursuivant de sa belle équipée, en réclamant les frais d'un procès-verbal impossible qui fureut à la charge du saisissant désapointé !

J.

Vous voyez donc, M. Jean, qu'il est avantageux d'avoir du bien en ruches ; c'est le moins saisissable de tous, et souvenez-vous que moins on présente le flanc à son ennemi, plus on a de chances de lui échapper ! vous voyez donc que la culture des abeilles est la plus sûre en cas de revers de fortune, comme en cas de prospérité !

JEAN.

C'étion bon à savoir, car si M. le Comte voulait un jour me faire saisir les récoltes pour son fermage je ne laisserion plus sur place que les ruches.

LE COMTE.

Oui, mais je vais prendre mes précautions ; je vais acheter une blouse à capuchon et à masque de toile métallique, ou j'emploirai celui avec lequel je prends des leçons d'escrime ; j'en affublerai l'huissier qui pourra alors saisir le miel sans redouter la piqûre de l'abeille.

JEAN.

Je n'avion pas songé à ce moyen-là ! qu'en dites-vous M. l'apiculteur ?

MARCELLIN.

Je dis qu'avant que les huissiers se fassent apiculteurs, il passera quelques pintes d'eau sous les arcades du Pont-Neuf à Paris.

LE COMTE.

Voilà un point parfaitement éclairci ; la prudence

en affaires est une excellente chose; mais là, ne se
borne pas le cours de morale que vous avez an-
noncé.

MARCELLIN.

Non, le sujet n'est pas épuisé, je vais vous démontrer que l'union fait la force.

JEAN.

Et comment?

MARCELLIN.

J'ai cueilli 2 ou 3 essaims faibles; si je les garde
isolés les uns des autres, tous périront faute de
chaleur suffisante. Je les réunis au moyen des procédés que j'indique à l'article de la réunion des
essaims faibles, et je deviens possesseur d'une
ruche vigoureuse, car plusieurs colonies étant
jointes sous un même toit, fournissent plus de calorique, deviennent plus ardentes au travail, écono-
misent l'achat des ruches nouvelles, et donnent
plus de cire, plus de miel et plus d'essaims; ceci
est-il démontré?

LE COMTE.

C'est incontestable. L'union fait la force en abeilles
en guerre, comme dans tout gouvernement, comme
dans le sein de la famille. Seulement je dirai qu'il
n'est pas si facile de l'obtenir entre membres d'une
même famille et des nations différentes qu'entre vos
protégées !

MARCELLIN.

C'est juste; voulez-vous à présent un exemple
de fraternité, examinez l'intérieur d'une ruche par

le vitrage. Oh ! c'est plus intéressant que l'optique d'une lanterne magique ! voyez comme ces vierges à miel se prêtent secours, travaillent de concert et chacune à leur tour, les unes à construire des rayons, les autres à apporter la propolis, celle-ci à introduire le pollen pour la fabrication de la cire, celles-là à apporter le miel, enfin il en est d'autres qui détachent le pollen des jambes des porteuses et l'emmagasinent dans les alvéoles, d'autres ferment ceux-ci où le couvain va se transformer en chrysalide ; celles-ci nourrissent les vers éclos, celles-là travaillent à la construction des alvéoles royaux, d'autres bouchent les fentes, mastiquent les ouvertures par où l'air s'introduisait ; celles-ci poursuivent la fausse teigne, celles-là défendent la place contre les lézards, les souris, les belettes, enfin il y a tant d'activité, tant d'accord dans l'ensemble des travaux ordonnés par la Reine, qu'une ruche devient le miroir de l'ordre, du travail et de la fraternité !

Là, jamais de discorde entre les nombreux enfants de la Reine mère ! tandis que hélas ! chez nous il est rare de trouver une famille, où, pour un vil motif d'intérêt ou de jalousie déplacée, il n'y ait des antipathies, des levains implacables de haine ou des sujets de dissension si graves qu'ils dégénèrent en animosités violentes, qui souvent viennent se dérouler tristement sur du papier timbré devant les tribunaux, ou, parfois, jettent des traces de sang sur le banc des assises, et font un bruit qui est renvoyé au loin par l'écho des gazettes juridiques !

Le Comte.

C'est encore vrai ! Ce n'est que trop vrai ! Et ensuite !

Marcellin.

L'abeille est encore hospitalière, je l'ai dit plus haut dans mon manuscrit, mais je puis le répéter ici, puisque je développe les conséquences morales tirées des mœurs de l'abeille. En temps calme, les abeilles ne reçoivent pas dans leur ruche les abeilles étrangères à leur domicile. En effet pourquoi les recevraient-elles ? il n'y aurait pas de motif pour leur faire accueil, il y a assez de place au soleil. D'ailleurs elles n'aiment pas à recevoir des visites qui font toujours perdre du temps et souvent apprennent peu de chose de nouveau !

Mais, si le vent de la tempête souffle, si l'orage est dans sa foudroyante activité, les lois de l'hospitalité sont admises ; les abeilles renfermées dans leur ruche comprennent que celles qui viennent s'abattre sur leur tablier et demander l'hospitalité n'ont pas eu le temps de reconnaitre leur domicile et qu'il faut les sauver du naufrage ; elles les reçoivent donc, et ne les congédient poliment que lorsque le ciel est devenu serein. Quel exemple pour ces peuples barbares qui exterminent les naufragés au lieu de leur tendre la main ! quel exemple aussi pour nous tous ! que de gens n'ont peut-être, pas agi avec tant de générosité hospitalière que ces abeilles, lorsqu'un pauvre, surpris par l'orage, aura frappé à leur porte pour demander un abri ou du pain !

Le Comte.

C'est encore vrai ! Jean, souvenons-nous de la leçon et mettons-là en pratique à la première occasion !

Jean.

J'en parleron à notre femme ! c'est qu'elle a toujours peur que ces gens qui frappent à la porte, quelque temps qu'il fasse, ne soient des voleurs ! ah dame ! c'étion arrivé !

Le Comte.

Alors on interroge, on étudie les figures, on prend des précautions !

Jean.

Mais, enfin, est-ce que ce sermon sera long, c'est que j'irion chercher notre bonnet de nuit, comme le jour où notre curé annonça à son prône qu'il ferait un discours en vingt-quatre points. A ce début je sortis pour aller chercher mon casque à mèche ; quand je revins, il n'y avait plus que vingt-trois points à éclaircir !

MARCELLIN.

Ah! Jean, ne vous effrayez pas, je serai moins sérieux sans sortir de mon sujet, Écoutez cette historiette, et il vous sera prouvé qu'on peut faire des économies avec la culture des abeilles. J'ai lu le fait dans un journal du Midi, il y a peu de jours.

L'évèque vient dans un village pour confirmer les enfants qui avaient eu le bonheur de faire leur première communion. Le curé invite Monseigneur à dîner. L'évêque accepte, mais à condition que le repas sera frugal. Le curé sourit et a l'air d'adhérer à la recommandation. Après la cérémonie, on se rapproche de la table. Le saint pasteur se sentait un appétit très prononcé, et il regrettait presque d'avoir tant prié M. le Curé de le traiter sans cérémonie ; son imagination n'entrevoyait sur table que des noix et des confitures ! Mais quel ne fût pas son étonnement quand il s'assit en présence d'un somptueux repas, où la truffe laissait échapper son arôme de chaque met, et qu'il se vit en face de plusieurs coupes de cristal destinées à recevoir les rubis du Chambertin et du clos de Vougeot, et la mousse du Champagne écumante sur une liqueur dorée ! Mais, M. le Curé, dit l'Évêque, avec un air à demi-grondeur, et légèrement satisfait au fond, y pensez-vous ? avec vos 1000 fr. de revenu par an, ce qui fait 2 fr. 50 par jour, comment avez-

vous pu m'offrir un repas princier? expliquez-vous,
il y a un mystère là-dessous, avez-vous, récem-
ment fait un héritage?

LE CURÉ.

Non, Monseigneur.

L'ÉVÊQUE.

Vous avez donc fait un emprunt?

LE CURÉ.

Non, Monseigneur.

L'ÉVÊQUE.

Alors ces mets sont tombés du ciel comme la
manne sainte?

LE CURÉ.

Non, Monseigneur.

L'ÉVÊQUE.

Mais enfin!

LE CURÉ.

Pardonnez-moi, Monseigneur..... permettez que
je vous explique..... j'ai, ici, chez moi un grand
nombre de demoiselles.

L'ÉVÊQUE (se levant de table avec gravité).

Des demoiselles! des demoiselles dans une cure!

LE CURÉ.

Oui, des demoiselles, et qui plus est, des demoiselles piquantes, très piquantes.....,

L'ÉVÊQUE (irrité).

Très piquantes!

LE CURÉ.

Elles sont là, tout près, je vais vous les montrer..

L'ÉVÊQUE.

Mais y songez-vous, ma dignité s'oppose à ce que.....

LE CURÉ.

Ne craignez rien, Monseigneur, approchez.. mais non... je vais vous mettre un masque.

L'ÉVÊQUE.

Pour n'être pas reconnu..... mais y songez-vous !

LE CURÉ.

Non, ce n'est pas pour cela, c'est une précaution...

L'ÉVÊQUE.

Un masque !

LE CURÉ.

Mais un masque en fil de fer !

L'ÉVÊQUE.

Me prenez-vous, M. le Curé, pour un maître d'armes !

LE CURÉ.

Non, Monseigneur, c'est que ces demoiselles sont très piquantes, et qu'elles pourraient bien ne pas respecter la main qui porte l'anneau épiscopal et le front orné du bandeau sacré de la mitre! Laissez-vous faire, ou bien laissez-vous conduire, elles me connaissent, elles ont l'habitude de respecter non seulement leur protecteur, mais les personnes qui m'accompagnent. Venez !

Alors M. le Curé prend Monseigneur par la main, et il le conduit dans son jardin où était un rucher en bois, il ouvre les panneaux, et montre les ruches par la vitre. Là, dit le Curé, il y a plus de cent mille demoiselles laborieuses, gouvernées par des Reines élues par le droit divin ; ce sont elles qui, sans que je me détourne de mes fonctions curiales, m'ont aidé à vous servir ce modeste repas ; donnez-leur votre bénédiction, car elles sont aussi l'ouvrage de Dieu ! non seulement elles me donnent quelques douceurs pour recevoir convenablement Monseigneur, mais elles me permettent de soulager des familles indigentes ; elles me rapportent du miel, et de la cire que je fais brûler sur nos autels en l'honneur de celui qui est notre maître à tous ! quand le goût de l'apiculture se sera répandu, il y aura moins de misères dans nos campagnes ; me pardonnez-vous, Monseigneur ?

A ces mots le bon Évêque se sentit plus que désarmé ; ses yeux furent émaillés d'une double larme, et il se promit de raconter le fait dans toutes les cures de son diocèse, pour inspirer partout l'amour de l'apiculture. Toutefois il reprit gaîment le repas des abeilles, puis il prit congé de l'excellent curé après lui avoir dit à l'oreille ; « A l'an prochain ! je dinerai encore chez vous, mais à une condition, c'est que vous ne m'offrirez que deux plats ; et ce que vos abeilles vous auraient permis de dépenser en plus, nous l'offrirons aux pauvres ; tout luxe de table doit être retranché tant qu'il y a un indigent à secourir !

JEAN.

Je rapporteron ça à notre curé, et à notre femme pour que celle-ci me traite, de temps en temps, à l'aide des abeilles, comme votre curé traita Monseigneur.

LE COMTE.

M. l'Apiculteur, j'inscrirai cette histoire dans mes tablettes. Mais reprenons le fil de nos moralités. Vous vantez beaucoup vos demoiselles ailées, elles donnent en effet l'exemple de la reconnaissance, de l'amour de la famille, de l'ordre et du travail ; mais on leur fait un reproche, qui me semble mérité, on dit qu'elles sont fraticides ; d'après votre manuscrit d'ailleurs on ne peut guères en douter, elles immolent, sans pitié leurs frères, les males ou faux bourdons ; cela n'est guères charitable, car enfin ils sont enfants tous issus de la même mère !

JEAN.

Ah ! oui, tirez-vous de là M. le Prédicateur !

MARCELLIN.

J'ai avoué le fait, et je me charge de l'expliquer à l'avantage de mes protégées. Les abeilles ont horreur des fainéants, et sous ce rapport elles ont

le droit de dire aux mâles. « Les paresseux sont le
fléau de toute société ; chacun doit vivre de son
labeur ; nul n'a le droit de vivre de la sueur d'autrui ! fuyez, allez vivre ailleurs ; si vous absorbez
nos provisions, comment vivrons-nous pendant
l'hiver, et dans les jours trop secs de l'été? fuyez,
ou nous vous mettons à mort, car avant tout le
miel appartient à ceux qui l'ont produit ».

Il faut convenir que l'argumentation de ces
abeilles est serrée. En effet ces faux bourdons, ces
courtisans de l'oisiveté, seraient une charge énorme
pour la ruche ; il résulterait de leur concours à
partager les vivres que la colonie périrait de faim
pendant les longs hivers. Car il faut que vous
sachiez que ces faux bourdons, (dont un seul
était nécessaire pour féconder la Reine, et dont le
nombre est si grand)! sortent de la ruche, chaque
jour de beau temps pour prendre l'air, papillonner
au soleil de 11 heures du matin à 3 heures d'après
midi, ne prennent aucun aliment au dehors, acquièrent un grand appétit à la suite de leur course
gymnastique, et rentrent dans la ruche en se
précipitant sur le miel dont ils font une curée
effroyable! c'est en réfléchissant sur une pareille
dévastation des provisions, que les abeilles, un mois
après la sortie des essaims condamnent les mâles
à mort comme coupable de fainéantise, (tout
comme nos Cours d'Assises font à l'égard des

voleurs auxquels on assigne la prison pour domicile).

L'arrêt est porté, et là, sans autre formalité de justice, il est exécuté. Le bourdon cherche à se défendre contre les coups d'aiguillons à lui portés par l'abeille ; il lutte avec vigueur, il entraîne souvent plusieurs de ses sœurs et roule avec elles, mais il est toujours vaincu, car il n'a aucune arme de défense ; la nature lui a refusé celle de l'aiguillon, (arme que l'abeille manie si adroitement !) Cette exécution dure pendant 15 ou 20 jours, car il faut du temps pour faire une hécatombe de 3 ou 4,000 faux bourdons qui disputent leur vie, et pour traîner au loin tant de victimes !

Il n'est peut-être pas une leçon plus importante que celle donnée à l'homme par cette sanglante exécution. L'oisiveté est la plus cruelle des servitudes, c'est la plus nuisible à toute société ! Il faut que chacun travaille, qu'il soit riche ou pauvre. Je ne veux pas conclure du fait précité des abeilles que nous devons tuer les paresseux qui vivent aux dépens d'autrui ; mais je dis qu'il faudrait imaginer un moyen pour les forcer à payer leur dette à la société ! Ainsi les abeilles sont justifiées par la nécessité d'équilibrer leur budget.

JEAN.

Ce moyen ne sera pas facile à inventer chez nous !

MARCELLIN.

Peut-être! Je vous disais que les abeilles emportent les morts au loin, et je vais de ce fait induire un principe hygiénique qui n'est pas sans intérêt; c'est que l'abeille nous offre de grands exemples de propreté.

Les mouches à miel emportent les morts bien loin de la ruche par deux motifs.

Le premier, c'est que la putréfaction de tant d'insectes pourrait amener une épidémie dans la ruche.

Le second, c'est que si elles laissaient autour de celle-ci ces corps morts de bourdons ou d'abeilles, des oiseaux ou d'autres ennemis pourraient venir s'en alimenter, et par suite s'accoutumer à attaquer les abeilles vivantes à leur entrée ou à leur sortie de la ruche.

Vous voyez, MM. avec quelle prévoyance les abeilles dirigent tous les actes de leur vie! rien n'est oublié, point d'ordure dans la ruche! l'abeille ne fonctionne qu'au dehors pour ne pas salir ses rayons d'or, elle emporte ses morts au loin, tandis qu'à Londres j'ai vu enfouir les corps humains en pleine cité, sur le seuil des églises et j'ai été obligé de fuir quand on remuait une terre imprégnée de miasmes putrides! oui, je le dis avec conviction, si on observait les abeilles avec attention sous le rapport de la propreté, le choléra le typhus et autres maladies épidémiques feraient dans nos cités moins de sanglantes et cruelles visites! n'est-il pas honteux pour notre espèce si puissante par la pensée, par l'invention, de voir en sortant de chez soi dans la rue, des ordures de tout genre, lorsque nos chats soupoudrent et enfouissent leurs résidus, lorsque l'abeille éloigne avec un soin extrême de sa demeure tout élément d'infection ou de malpropreté!

JEAN.

C'étion pourtant vrai! notre chat fait de même, mais le malheur c'est qu'il opérion souvent dans notre tas de blé!

LE COMTE.

De plus en plus j'admire la sagacité de vos abeilles, je n'ai pas voulu vous interrompre quand vous avez parlé de la mort des faux bourdons, mais j'avais songé à vous dire que j'ai parcouru l'Amérique où j'ai vu avec une grande satisfaction qu'à l'égard des paresseux, on agissait presque comme dans vos ruches. Là le riche travaille comme le pauvre, et on a raison. En effet ce n'est pas parce que le hasard ou un héritage ou une industrie ont rendu un homme opulent, qu'il doit se dispenser d'exercer ses facultés intellectuelles ou ses forces physiques au profit de la société; c'est une raison de plus, au contraire, pour qu'il apporte son contingent dans l'œuvre du travail social, car le capital lui offre les moyens de pouvoir exécuter les actes industriels de sa volonté!

La classe riche, dans ce pays, se fait un honneur d'exercer par elle-même une industrie utile à tous; elle se livre aux arts, au commerce à la culture des terres, et elle contribue ainsi à la prospérité de la nation; c'est là, selon moi, une des raisons qui ont élevé si haut ce peuple si nouveau, puisqu'il n'était qu'enfant à la fin du dernier siècle, et qu'il nous semble déjà un géant plus ancien que Rome, Tyr et Carthage! honneur donc au travail! qu'il se montre au grand jour dans la classe riche, dans la classe pauvre, sur les bords du Micissipi, ou au travers la vitre d'une ruche! continuez M. l'Apiculteur, pardonnez-moi si j'ai interrompu le fil de votre enseignement apicultural ou moral, vous savez qu'on aime à parler de ses voyages tout comme le vieillard se plait à raconter les événements qui furent les témoins des beaux jours de sa jeunesse!

MARCELLIN.

Votre relation d'outre mer est au contraire venue fort à propos, M. le Comte, et elle semble avoir été faite à l'appui des principes moraux tirés de ma ruche.

JEAN.

Excusez-moi, M. le Comte, mais puisque vous dites que les riches doivent travailler, je vais vous chercher une pioche, et vous m'aiderez à décrous-tiller ce côteau pierreux ! pardon M. le Comte, excusez la liberté que…

LE COMTE.

Vas la chercher, je t'aiderai à extraire les cailloux, et puis nous planterons-là une belle vigne de Frontignan.

MARCELLIN.

Jean, chacun travaille à sa manière. M. le Comte lira les ouvrages d'agriculture, et il t'enseignera la nouvelle culture, dite intensive, et bien d'autres choses que tu ignores. Le travail des mains est né-cessaire, mais il n'est complètement fructueux et rémunératif que lorsque l'intelligence et la science le dirigent à la fois. Tu en vois la preuve dans mes études sur les abeilles, j'ai travaillé à ma manière, les yeux fixés sur une ruche pendant des journées entières, imite-moi, Jean, et dans peu tu récolteras de la cire et du miel que tu n'aurais pas vu couler avec tant d'abondance de longtemps, peut être, sans l'inspiration qui me vint, dans mon enfance, d'étudier l'apiculture.

LE COMTE.

Cela est juste, mais continuez votre Catéchisme apicultural qui ne diffère guères de celui de la pa-roisse quant à la moralité.

MARCELLIN.

En étudiant mes ruches, en observant les soins que les abeilles prodiguent au couvain, au ver éclos dans son berceau de cire, je n'ai jamais pu comprendre comment il existait si souvent de l'animosité entre frères et sœurs. Le lien formé par la nature entre des êtres issus de la même mère et qui devraient s'aimer, se protéger toute la vie contre les accidents funestes de ce monde, ne devrait jamais être brisé! Ce qu'il y a de triste surtout, c'est de voir la haine qui existe presque toujours entre les enfants de lits différents issus pourtant de la même mère ou du même père! Eh! qu'importe que le père de l'un ne soit pas le père de l'autre si la même mère vous a porté dans son sein, vous a prodigué le même lait, vous a énivré des mêmes caresses, chacun à votre tour, dans le même berceau!

Voyez les abeilles, et imitez l'exemple qu'elles vous donnent. Peu leur importe que le père soit inconnu; elles sont toutes animées du sentiment de la fraternité, parce qu'elles aiment toutes leur mère. Voyez, admirez par cette vitre, ce qui se passe là, tout près de vous!

Dès que la Reine mère a pondu, les abeilles ses filles se groupent autour des alvéoles dépositaires des œufs à l'effet d'y produire la chaleur nécessaire pour hâter l'éclosion. La Reine pendant ce temps continue son œuvre maternelle, elle entre dans les cellules libres, va jusqu'au fond, pond un œuf en 6 secondes (car il en faut 3 pour vérifier la propreté de l'alvéole avant d'y déposer un œuf, et 3 secondes pour pondre et faire un pas en avant pour recommencer ; à mesure que la Reine a pondu, ses filles se rapprochent, s'étendent en groupe pour couvrir et chauffer le couvain. Au bout de 3 ou 4 jours celui-ci formé d'un petit point blanc allongé et de l'épaisseur d'une fine épingle, éclot ; et alors les sœurs aînées, obéissant aux ordres de la Reine, viennent apporter à chaque larve, formant un demi-cercle au fond de l'alvéole, la nourriture qui leur est nécessaire avec une tendresse de sœur qui remplace celle de la mère, trop occupée à pondre des milliers d'œufs. (D'où je conclus, en passant, que dans toute famille, les sœurs déjà grandes doivent partager avec leur mère les soins que réclament les frères et sœurs plus jeunes). Remarquez cette sollicitude de l'abeille neutre, de cette vierge bienfaisante, déployée en faveur de ses jeunes sœurs, de ses frères les faux bourdons ! N'est-ce pas un spectacle aussi sublime qn'attendrissant ! Ah ! S'il était bien observé on n'oublierait pas la leçon qui en résulte, c'est qu'un frère doit toujours protéger ses sœurs et ses frères, et qu'une sœur ne doit jamais cesser de les aimer à son tour quand le père de tous ne serait pas le même !

Poursuivons l'examen de l'intérieur de cette ruche.

Le ver éclos a été alimenté pendant 8 à 10 jours (selon le degré de la température) par l'abeille attentive faisant les fonctions de nourrice. Puis, comme le ver-à-soie, il sent le besoin de s'envelopper dans sa coque et de se transformer en chrysalide.

Alors les abeilles qui devinent le besoin de cette transformation ne lui apportent plus de nourriture, elles bouchent avec de la cire les alvéoles où va s'opérer cette métamorphose, pour que l'air et qu'aucun ennemi ne puissent y pénétrer. Alors la principale mission des neutres est terminée; au bout de 10 à 12 jours la transformation est opérée; Le miracle est accompli! Le ver a secoué ses langes fangeux, il est devenu papillon aux ailes transparentes; c'est un nouveau membre de la grande famille, c'est une sœur qui vient se grouper autour de ses sœurs, et qui admise au titre de citoyenne va desuite, sans livret, prendre part aux travaux de la colonie. Mais auparavant ses sœurs lui rendent un dernier et éminent service, elles la dégagent de la légère crépine, qui lui colle, parfois les ailes (car les abeilles naissent aussi, comme certains hommes avec la crépine (véritable passeport de la prospérité) les brossent, les caressent, et leur offrent du miel pendant un jour ou deux, jusques au moment où elles auront la force de prendre leur vol et de prendre part aux travaux de la colonie. La voilà! elle sort, elle salue la nature, et va desuite puiser dans le calice des fleurs la liqueur sucrée dont elle fera le miel pour elle et pour l'homme, et le pollen qu'elle convertira en cire destiné à éclairer les autels du Dieu qui la fit naître!

Je tire de ces faits, sérieusement observés, ces deux conclusions échappées à la plume si brillante de Jean Lafontaine.

1° C'est que les frères et sœurs, nés d'un lit différent, ou du même lit, doivent s'aimer pendant toute la vie et se tenir lieu mutuellement de mère.

2° C'est que rien n'est plus propre à démontrer l'immortalité de l'âme que la transformation du couvain en chrysalide. En effet un grain de matière organique provenant de l'essence d'une fleur est déposé par une Reine mère dans la loge exagone d'un rayon. Ce grain ne tarde pas à s'animer. Ce n'est d'abord qu'un être rampant; mais il vit! les abeilles le nourrissent, puis l'enferment dans une espèce de tombe, tout comme après notre dernière heure et sur notre dernier gîte une pelletée de terre couvre nos restes mortels; puis le ver transformé, brise sa toile et le mur de sa prison, et sort en triomphe, muni de ses ailes pour recevoir les caresses de ses sœurs, de la Reine sa mère, aller à travers les rayons du soleil (cet astre si mystérieux) ! bercée sur l'aile des zéphirs, écarter les pétales avec ses antennes et se plonger dans la douce rosée qui baigne le calice des fleurs, pour en retirer le nectar alimentaire !

N'est-ce pas là, en effet un spectacle aussi curieux que sublime ! N'est-ce pas là l'emblême de notre destinée future, l'image de notre immortalité ! A l'instant où notre poussière est déposée dans le sable et destinée à une métamorphose terrestre, peut-on douter que l'âme ne prenne ses ailes comme l'abeille, et ne monte là haut pour aller se grouper (membre d'un nouvel essaim) auprès du Dieu, au milieu peut-être de ces constellations, qui, la nuit, ressemblent à un océan de perles et de diamants!

LE COMTE.

Bien, très-bien, M. l'Apiculteur ! Jean, que dis-tu de ce langage?

JEAN.

Je dis que notre curé n'avions jamais mieux proné que ça ! je commençons à aimer les abeilles, puisqu'elles inspirent de si biaux discours ! et si j'avions des ailes comme celles dont parle M. Marcellin je n'irions pas nous faire barrioler en chemin de fer, au risque de sauter en l'air, comme ça arrive parfois !

MARCELLIN.

Et on ne craindrait pas aussi d'être enfumé comme les abeilles quand on taille leurs ruches ou comme les voyageurs roulant sur le rail de fer !

LE COMTE.

Et on éviterait ces petits coups de siflet qui semblent nous couper le crâne en deux, l'inconvenient d'être obligé de changer de linge à l'arrivée; car cette fumée des locomotives ne noircit pas mal le col de nos chemises ! Autrefois avec les diligences nous arrivions à destination couverts d'une belle poussière blanche ; avec les chemins de fer nous arrivons noirs comme des corbeaux et toujours sous l'impression triste d'une pièce tombée au théâtre et siflée à outrance !

JEAN.

J'avions toujours cru que c'étaient de gros merles en cage qui sifflaient si fort ! mais à propos est-ce que le chef de gare ne pourrait pas changer ce sifflement de merles en un chant de rossignol !

MARCELLIN.

Il est vrai que le bruit est un peu violent et peu agréable ! et que le col des chemises ne blanchit pas sur les wagons ! mais il faut bien que les blanchisseuses vivent ! moi aussi je vis de mon travail, mais je suis moins ambitieux que beaucoup d'autres, vu que j'ai puisé dans la contemplation des mœurs des abeilles des leçons d'économie et de sobriété.

Quand j'ai vu mes élèves favorites se contenter de vivre avec du nectaire, ou une goutte de rosée sucrée, une liqueur qui serait perdue, avec laquelle elles faisaient des provisions pour l'année et dont je pouvais encore prendre moitié, je me suis dit soyons économes, songeons à l'avenir, vivons de peu, ne mangeons que quand la faim sera venue, ne buvons jamais sans avoir soif, tenons la tête froide, les pieds chauds et le ventre libre, et nous échapperons aux indigestions, aux gastrites, à l'obésité, à la goutte, aux maladies et aux médecins ! Comme je n'ai jamais reconnu qu'il y eut des docteurs en médecine et en chirurgie parmi les abeilles qui sont si prévoyantes, j'ai pensé qu'à la rigueur on pouvait très-bien se porter sans Esculape, pourvu qu'on fut sobre et prudent. Ainsi j'ai reconnu qu'en ne mangeant jamais que du pain, du miel, des épinards et des fruits en petite quantité, on n'avait pas à redouter le choléra, parce que ce régime resserre le corps et que la dissenterie ne peut éclore ; surtout on bloque celle-ci en ne se nourrissant qu'avec du pain, du rôti et de l'eau.

J'ai beaucoup de confiance dans le miel comme nourriture salubre et comme remède, car il est formé de l'extrait de 1000 fleurs.

Et alors continuant à puiser des leçons dans les mœurs des abeilles, je me suis habitué à vivre de peu, et de substances douces ; avec du miel, des noix ou des amandes j'improvise à peu de frais, sur ma tranche de pain un nougat délicieux, moins croquant, moins dangereux pour l'émail qui protège mes dents que le nougat de Montélimar, mais qui renferme, à coup sûr, le produit de l'abeille et non la glucose durcie et collée contre le fruit de l'amandier ! il est vrai que je vends du miel, puisque j'achète les ruches pleines outre celles que j'exploite et qu'on me dira (vous êtes orfèvre M. Josse !) mais il n'est pas moins vrai que, grâce à ce régime en ne prennant jamais d'autre dessert matin et soir que du miel marié à l'amande ou à la noix, je jouis d'une parfaite santé; je sucre même mon café au lait, le matin avec du miel, et le café noir qui clôture si heureusement le diner. Le parfum du café reste le même ; le miel lui ajoute le sien, en le rendant moins agissant sur le système nerveux. Combien de gens, se privent du plaisir de prendre cette liqueur en prétendant qu'elle les empêche de dormir ! sucrez-la avec du miel, et vous dormirez sans vous être imposé une dure privation ; qu'est-ce qu'un repas sans le bouquet sans l'arôme du café qui doit le couronner !

Le miel est aussi un petit et agréable purgatif. Est-ce que l'abeille ne va pas, en mai, pomper le suc des fleurs du pêcher, du ricin et d'autres plantes essentiellement purgatives ! je me nourris, je guéris mes rhumes, je me purge avec un rayon doré de mes ruches ! que puis-je désirer de plus !

J'ai appris de mes abeilles à ne pas être difficile sur le gîte, qui m'est offert en voyage ; parfois je m'abrite et je dors comme elles dans une cavité de roc. J'ai appris d'elles à ne pas aimer le bruit, à redouter les importuns, à préférer la solitude au vacarme des cités ; on s'endort plus facilement dans une hutte à la campagne, ou sur une aire au temps des moissons que dans une maison bordant la rue Vivienne à Paris, ou celle de Leicester à Londres !

J'ai appris d'elles à aimer aux champs la brise harmonieuse du soir, et dans les forêts de pin le murmure d'un feuillage qui semble l'écho du langage des abeilles. Là on n'est pas comme dans nos villes, exposé à entendre des paroles sans portée, de faux compliments, des flatteries intéressées, de la médisance ou des faits calomnieux, à recevoir des hommes désœuvrés (je ne parle pas des femmes qui, en général, ne s'occupent jamais de médire des autres !) des hommes qui exerçant le métier de l'oisiveté, viennent vous importuner du récit des actions d'autrui ou des crimes commis dans la semaine et qui noircissent les feuilles lugubres de la *Gazette des Tribunaux.*

Avec mon rucher j'ai trouvé le moyen d'échapper au colportage des nouvelles vraies ou fausses, mais le plus souvent dénaturées, et qui augmentent en altération de bouche en bouche, comme l'avalanche qui grossit en roulant sur le penchant des Alpes ! Par suite d'une prévention funeste, souvent ces nouvelles fausses ou erronnées prennent de la consistance, et forment ce qu'on est convenu d'appeler l'opinion publique, accueillie plus d'une fois par les tribunaux comme une preuve ou une grave présomption !

Il est étrange que la loi ne punisse pas ceux qui ont l'esprit tourné vers la malveillance, qui, s'occupent d'autrui sans nécessité et par méchanceté, et qui distillent plus de venin que le serpent à sonnette, lequel fait au moins assez du bruit, en rampant, pour qu'on puisse fuir à son approche !

L'opinion publique est contre vous disait un Président de Cour d'assises à un prévenu qui répondit ce qui suit. « L'opinion publique prend le « plus souvent sa source dans l'égoût obscur de la « calomnie ! Elle est composée, trop souvent, de « plusieurs filets d'eau infecte, augmentant par la « putréfaction des ordures qu'elle traverse. Son « origine est inconnue ; La vérité seule coule pure « et claire comme l'eau sortant du rocher ! »

L'auditoire (car j'étais présent) me parut frappé de cette définition singulière !

LE COMTE.

Si je comprennon quelque chose à ce baragouin, je veux bien que le diable m.....

LE COMTE.

N'interrompez pas, Jean, le prédicateur des abeilles n'a pas fini, laissez-le continuer ou répondre à mes interpellations, puisque les abeilles l'ont rendu philosophe !

Je ne sais si je me fais illusion, mais il me semble que les gouvernements (qui tous n'ont jamais que de bonnes intentions !) pourraient puiser des inspirations dans l'étude des mœurs des abeilles. Vous, qui avez suivi cette partie avec tant de patience et de soins, pourriez-vous me dire si les abeilles vivent en république ou sous une monarchie ?

MARCELLIN.

C'est évidemment un gouvernement monarchique et de droit divin, appuyé toutefois sur le suffrage universel.

JEAN.

Les abeilles ont aussi l'urne électorale comme chez M. Jérôme notre maire ! je ne savion pas ça !

MARCELLIN.

Elles n'ont ni urne ni bulletin ; mais d'un commun accord (ce qui n'est autre chose que le

suffrage universel) elles convertissent, d'avance,
quand il leur faut une Reine, des alvéoles simples
en alvéoles royaux.

LE COMTE.

C'est en effet le suffrage universel! Mais pourquoi font-elles plusieurs alvéoles de Reine !

MARCELLIN.

C'est pour avoir toujours des Reines disponibles,
dans le cas où il arriverait malheur à celle qui
tient le sceptre; De cette manière il n'y a jamais
longtemps, de trône vacant, il n'y a ni émeute, ni
révolution à redouter, il n'y a jamais de ces
troubles qui ont éclaté pendant les Régences en
Europe !

LE COMTE.

C'est vraiment admirable !

MARCELLIN.

La Reine sort de son alvéole princier avec
tous les indices de sa supériorité, de sa majesté,
puisque son corps est plus long, que son aile est
plus courte, qu'elle a l'abdomen plus gros et qu'on
voit de l'or bruni dans les cinq anneaux qui le
divisent.

Ce qui complette les signes de sa puissance,
c'est que lorsqu'elle est sur le point de pondre, les
anneaux de son abdomen qui s'élargit, prennent
une teinte dorée, et se dessinent davantage sur

son corps allongé. L'or n'est-il pas toujours le signe de la grandeur?

Ainsi la Reine n'est armée du sceptre que parce que la nation l'a voulu. Qui sait si ce n'est pas l'examen d'une ruche qui a donné aux peuples l'idée de prendre un des leurs pour roi?

JEAN.

Ce sont peut-être les abeilles qui avion pris ça chez nous !

LE COMTE *(riant)*.

Oh ! non, ami Jean; l'autre version est plus vraisemblable; et comme il y a eu d'excellents rois, quoiqu'en très petit nombre, il est même à présumer que les Titus, les Trajan, les Antonin, les Marc Aurèle et quelques autres encore avaient jeté un coup d'œil sur une ruche avant de gouverner les hommes. Ce qu'il y a de certain, c'est que si Néron, au lieu de s'amuser à tuer des mouches ou à incendier un quartier de Rome, pour juger de l'effet des flammes, avait passé quelques heures à étudier une ruche, il n'aurait pas empoisoné Britannicus son frère, ni Agripine sa mère à laquelle il devait sa couronne, ni forcé Sénèque son précepteur à se faire ouvrir les veines dans un bain !

MARCELLIN.

Je perse comme vous, M. le Comte, jamais

une Reine mère n'a été cruelle envers ses laborieuses filles; elle ne l'est qu'envers les rivales téméraires qui veulent lui disputer sa puissance. Mais, là il y a une raison d'État! deux capitaines. ne peuvent conduire un navire ou une armée, il y aurait danger pour les matelots ou les soldats!

JEAN.

Si ça va toujours de même train, et s'il y a tant de biaux discours au sujet d'une petite bête comme l'abeille, quelle longueur auront ceux qu'on pourrait débiter sur ma paire de bœufs!

MARCELLIN.

Vos bœufs ont leur mérite, Jean! ils labourent vos terres, et de là vous les envoyez se remiser à l'abattoir; mais ils n'y vont pas sans que vous n'ayez reçu plus d'écus que vous n'en avez dépensé pour les acheter.

JEAN.

C'étion vrai, je les achète maigres, je les vends gras, et leur travail est pour rien, et j'empoche encore un biau bénéfice!

MARCELLIN.

Chaque animal aux champs produit plus ou moins de gain! Mais parce que vos bœufs vous procurent un peu d'argent, ce n'est pas une raison pour répudier le profit que donnent les abeilles, d'autant qu'elles coûtent peu de soins, et que ce profit nous vient presque en dormant. Et puis tes bœufs offrent moins de points de moralité que nos abeilles, ils sont beaucoup moins laborieux, car ils ne marchent bien que piqués par ton aiguillon !

JEAN.

Ah ! vous allez recommencer ! ce n'est donc pas fini ! vous dépasserez les vingt-quatre points du sermon de notre curé ! ma foi, si vous ne terminez pas, j'allon prendre notre vol comme vos essaims au mois d'avril !

MARCELLIN.

Attends, ami Jean, et retiens bien ce que je vais te dire, je vais te prouver qu'il ne faut jamais renvoyer au lendemain ce que l'on peut faire le jour même.

Quand tu as renfermé tes foins, que tes blés sont en gerbes sur l'aire, tu prends un peu de repos ; tu fumes ta pipe, tu vas le dimanche au cabaret ou à la société, enfin tu prends un peu de bon temps.

JEAN.

C'est vrai ! il faut bien un jour de repos et fumer la pipe pour se désennuyer !

MARCELLIN.

Je ne dis pas ! Mais chez l'abeille il en est autrement ; il n'y a pour elle ni fêtes, ni dimanches ; tant qu'il fait beau temps, tant que les champs et les collines sont garnis de fleurs, l'abeille sort, butine, revient chargée, sort encore, sans jamais s'arrêter d'une aube à l'autre pendant la belle saison. Là il n'y a pas de vacances comme pour les écoliers, les tribunaux, les assemblées législatives ! ici l'activité est immense et sans interruption ! car les abeilles savent qu'il y a de mauvais jours, même en été, ceux d'orage, qu'il en est encore plus en automne; et que l'hiver sera plus ou moins long plus ou moins froid. Elles font donc de grandes provisions de miel pour échapper à la disette, et la preuve qu'elles en font beaucoup, c'est qu'elles en ont pour elles et pour nous, et qu'elles nous livrent la moitié de leurs richesses , en échange des soins que nous leur prodiguons.

Voilà une bonne leçon pour l'homme. Ces abeilles sont plus laborieuses que toi, et t'enseignent à ne jamais perdre un moment quand le temps est beau. Tu vas à la messe le dimanche; c'est bien, très bien; c'est un devoir de chrétien; Mais de là tu vas au cabaret! Qu'as-tu à y faire? As-tu jamais vu des abeilles fumant, buvant sans avoir soif, parlant sans avoir rien à dire? Tu veux, diras-tu, savoir le prix des grains, du vin, du beurre ou de l'huile! Mais dans cinq minutes tout cela est appris ! ah! tu restes là pour babiller sans but, ou pour jouer aux cartes! à quoi cela sert! as-tu jamais vu des abeilles faire un cent de piquet?

6.

JEAN.

Pas encore !

MARCELLIN.

Pendant que tu es entablé au cabaret, ne vois-tu pas que le ciel s'obscurcit, et qu'au lieu d'être au village tu devrais être sur ta ferme. Tiens, voilà déjà des gouttes d'eau qui tachent le pavé, et ton blé est sur l'aire, là bas, en proie aux crochets des fourmis, au bec des poules, des geais, des pies des moineaux et consorts ! Est-ce que tu ne devrais pas être chez toi pour couvrir tes gerbes, pour suivre le passage des eaux qui vont tomber en cata-ractes, des nuages qui se heurtent, et les conduire dans tes fosses à fumier, au lieu qu'elles vont, peut-être, démolir les murailles qui retiennent les terres et emporter au loin le suc des engrais, et la silice du sol ! que fais-tu donc là ? Il n'est plus temps ; les nuages se sont liés, ils forment la voûte ; à présent tu peux rester au café, le mal est fait. Tu n'as plus qu'à te confier à la Providence. Mes abeilles, elles, sont dans la ruche, occupées à chauffer leur couvain, en attendant que le soleil reprenne son éclat ! qu'as-tu à répondre à cela ?

JEAN.

Je disou que les abeilles ont raison et que j'avion tort !

MARCELLIN.

Eh ! qui sait si, pendant l'orage, il n'y aura
pas sur ta maison quelque tuile dérangée par le
vent, et s'il ne pleut pas sur tes fourrages ou sur
tes greniers ?

JEAN.

Cela se peut ! ça m'étion arrivé !

MARCELLIN.

Eh bien ! si tu avais eu la prudence des abeilles,
tu aurais plus de tranquilité d'esprit. Elles nous
offrent encore des leçons dans la construction de
leurs gâteaux, de ces rues perpenticulaires à libre
circulation d'air, dans lesquelles le passage des
travailleuses est largement ménagé. Rien n'est
admirable comme les dispositions qu'elles prennent
pour protéger le couvain déposé dans les alvéoles
placés horizontalement, pour que l'eau, s'il en
survenait, par hasard, par quelque felure de la
ruche, ne pût pénétrer dans les berceaux ; si elles
sont libres de choisir un gite, constituées, à l'état
d'essaim fuyard, elles ne négligent jamais de choisir
un abri sûr contre la pluie et le vent ; tantôt c'est
la cavité d'un rocher, tantôt le vieux tronc d'un
arbre ou une fenêtre abandonnée, demi-close par
le volet de dehors et celui du dedans, ou le creux
d'un coin de cheminée que la fumée du foyer ne
peut atteindre. Mais si l'apiculteur leur a préparé

une ruche bien établie, les abeilles y logent avec satisfaction et sécurité. Dans l'intérieur de la ruche tout est combiné; aucun architecte ne ferait mieux qu'elles ! La propolis (ou cire végétale) cimente les jointures ; la cire bouche les alvéoles des vers éclos, tout le temps que dure la métamorphose de ceux-ci. Les alvéoles destinés à l'éclosion des vers abeilles ont une dimension différente de ceux construits exprès pour les mâles. Ceux-ci sont d'un tiers plus grands, parce que le mâle est plus gros. Enfin elles construisent des alvéoles de plus forte dimension, en forme de glands de chêne pour l'éclosion des Reines. Ainsi tout est prévu, tout aussi bien que dans nos maisons où les **berceaux** et les lits sont faits d'avance pour nos enfants **selon** leur âge !

Le Comte.

Toutes ces prévisions sont réellement admirables. Mais je vous prierai de répondre à une **question** dont la solution m'embarrasserait beaucoup.

Puisqu'il faut une Reine pour diriger le Ministère de l'Intérieur dans la colonie, n'existerait-il pas un moyen de se procurer des Reines à volonté, dans le cas où la ruche aurait perdu la sienne ?

Marcellin.

Rien n'est plus facile à obtenir au moyen d'une combinaison qui s'est présentée à mon esprit.

Suivez-moi de près ; ceci est ce que j'ai à vous apprendre de plus important ! Un apiculteur nommé Schirach découvrit un phénomène curieux, il voulait savoir de quelle nature étaient les œufs pondus par la Reine. Pour atteindre ce but, cet apiculteur enferma une poignée d'abeilles ouvrières ou neutres dans une boîte, après en avoir déposé d'avance dans celle-ci un fragment de gâteau qui renfermait du couvain, c'est-à-dire, des œufs et des vers, ou du couvain éclos. On n'y voyait aucune trace d'alvéole royal. Les abeilles recluses et séparées de la Reine qui était restée dans la ruche mère, sentant la nécessité de se procurer une Reine au plus tôt, se mirent desuite à démolir un petit nombre de cellules ; puis elles en choisirent une qui leur parût plus convenable pour l'objet qu'elles avaient en vue ; elles l'agrandirent, et la changèrent en cellule royale, dans laquelle on vit éclore, sous peu un ver, qui fut nourri et élevé avec le plus grand soin par les abeilles. A l'expiration du temps voulu le ver royal fut clos et scellé, il subit sa métamorphose et sortit enfin avec tous les attributs d'une Reine.

Cette expérience qui devait avoir une grande portée en apiculture fut répétée plusieurs fois par M. Schirach, et le résultat fut toujours conforme à celui obtenu la première fois ; il fut aussi reconnu que la Reine ne pouvait naître du couvain des mâles.

Ainsi il demeurera prouvé que la seule différence qui existe entre une abeille neutre ouvrière et une Reine est dans le développement plus ou moins parfait des organes du travail et de la maternité, et que toujours, en cas de nécessité, les abeilles neutres peuvent faire naitre une Reine.

Il devint évident à la suite de ces expériences que j'ai répetées avec attention, et avec le même résultat, que la Reine mère ne pond que des œufs de deux espèces, ceux de la femelle ou abeille neutre et ceux des mâles, et que le même œuf de femelle, élevé dans une cellule disposée par les abeilles pour devenir royale, donne lieu à l'éclosion d'une Reine.

LE COMTE.

Cette découverte me parait très-importante, car si un essaim ne peut vivre sans Reine, et s'il est facile d'en faire naitre, rien ne s'oppose à ce que l'apiculture soit posée sur des bases solides.

MARCELLIN.

C'est évident. Mais il fallait beaucoup réfléchir sur l'expérience Schirach, et mettre la main à l'œuvre !

La découverte de cet apiculteur n'a été, en définitive, que la solution d'une question d'histoire naturelle à ses yeux et à ceux de tous les apiculteurs qui ont paru depuis. Mais j'ai été plus heureux que mes devanciers. L'examen de ce fait m'a conduit à faire des boutures d'abeilles, comme les horticulteurs en font avec les jets des plantes dans une serre; je ne crois pas devoir hésiter à me prononcer sur la valeur de ce progrès apicultural; c'est une révolution, puisqu'au lieu d'attendre la sortie de 1 ou 2 essaims par chaque ruche chaque année, on pourra en obtenir jusqu'à 10 ou 12. Je m'explique.

On me disait; « vous avez mis en vente des
« ruches nouvelles, vous construisez des ruchers
« en bois ou en pierre, vous vendez tous les ap-
« pareils nécessaires en apiculture; cela est très-
« bien; vous nous apprenez à retenir dans la ruche
« 1 ou 2 essaims; ceci est encore très-utile! Mais
« que de temps il nous faudra avant d'avoir un
« rucher garni de 100 ruches! On trouve diffi-
« cilement à acheter des essaims; chacun garde
« les siens; leur transport de loin est coûteux et
« d'une exécution peu aisée. Enfin vous ne répondez
« pas d'une manière satisfaisante à ceux qui vous
« demandent, et la ruche et de quoi la garnir! Le
« principal c'est l'essaim; tout le reste n'est que
« l'accessoire; nous voulons faire un civet vous
« n'avez pas de lièvre à nous offrir. »

A ces justes doléances je réponds voici le lièvre; avec une ruche bien constituée je vais vous donner le moyen de faire, peut-être une douzaine d'essaims nouveaux sans compromettre le sort du grand essaim sur lequel vous aviez le droit de compter ; avec des fragments de gâteaux, nous allons faire de véritables boutures d'abeilles !

D'abord j'avais pensé tout simplement à créer des essaims nouveaux au moyen du procédé Schirach. Les abeilles, sequestrées dans une boîte avec un rayon garni de couvain, et renfermées, devaient démolir des cellules et construire une cellule royale. Mais c'était perdre du temps; c'était aussi forcer les abeilles à faire un travail que l'on pouvait éviter ! d'ailleurs le procédé, décrit par Schirach, ne pouvait réussir sans une chaleur factice, il faut du calorique pour faire des boutures végétales ou animales !

Ce fut alors que j'imaginai de continuer l'essaimage à calorifère, et de mettre dans des boîtes vides un fragment de rayon, muni de couvain et d'un alvéole royal, afin d'assurer la naissance rapide d'une Reine et la formation de l'essaim; je fis des expériences et je réussis.

De peur qu'on ne s'imagine que cette espèce de bouture animale peut être pratiquée sans feu, je répète qu'elle n'aura un heureux résultat qu'au moyen d'un poële ou d'un petit calorifère posé dans le passage du rucher et d'une ample nourriture à base de miel, présentée à l'abeille par la mangeoire établie sur le bondon de la ruche et fermée avec un couvercle en verre, ou un petit globe bombé, ou une simple vitre posée au plat sur la mangeoire, ce qui permet de voir si les abeilles ont bon appétit, et de juger de leur activité d'ailleurs au moyen de ce vitrage on est dispensé d'ôter le couvercle de ma mangeoire, et on ne laisse plus pénétrer le froid dans la ruche.

Au moyen de cette chaleur appliquée du 1er au 15 janvier dans le Midi, et dans le Nord, un mois plus tard environ, on parvient à surexciter le mouvement de la ruche, ce qui donne lieu à la formation des essaims, un mois ou un mois et demi avant l'époque ordinaire de l'essaimage. Ainsi cette chaleur factice de 15 degrès Réaumur dans le couloir du rucher produit l'effet de la température d'avril et de mai, nécessaire à la formation des essaims. Le moyen employé de chauffage est le même que celui dont je fais usage pour le grand essaim artificiel; seulement j'utilise les alvéoles royaux qui sont toujours, en assez grand nombre dans les ruches bien constituées et vigoureuses, sans compromettre le sort du grand essaim artificiel sur lequel on doit le plus compter.

Voici l'opération; j'examine la ruche chauffée par le calorifère, j'étudie le degré d'activité des abeilles, car au tumulte croissant, on juge de l'apparence d'un essaimage prochain. Dès qu'on s'aperçoit que la masse des mouches à miel ne peut presque plus se loger dans la ruche, le moment est venu de vérifier l'état intérieur de celle-ci.

Alors on la décompose en séparant les 3 boîtes et en se servant de la fumée, comme il est dit ci-dessus, et on examine le compartiment dans lequel il y a le plus d'alvéoles royaux et le plus de couvain; on reconnaît celui-ci aux alvéoles portant des couvercles bombés ou cônes, composés de la même matière que le rayon. Il faut ne pas confondre ces alvéoles avec ceux à miel qui sont toujours fermés à *plat* et non à *cône*.

On compte le nombre des alvéoles à Reine qu'il est si facile de reconnaître, comme on le voit dans la planche photographiée (fig. 8) ce sont des espèces de glands de chêne, ainsi que nous l'avons dit; on enlève avec un couteau des fragments de gâteau auxquels on voit attaché un alvéole royal, sauf deux, qu'on laisse dans la hausse, pour ample garantie de réussite, et qui doit constituer le grand essaim artificiel. J'en laisse deux par précaution. Cet essaim sera posé, comme on le sait, à la place de la ruche mère.

A présent il ne s'agit plus que d'utiliser ces fragments de gâteaux, garnis chacun d'un alvéole royal.

On en fixe un au liteau de chaque boîte, à l'aide
d'un petit fil de fer ; puis on pose le couvercle par
dessus. On détourne chacune de ces boîtes sur son
couvercle, et on prend la hausse inférieure de la
ruche mère qui est remplie d'abeilles.

Au moyen d'un plumeau je fais tomber quelques
centaines d'abeilles dans chacune des boîtes vides
contenant les fragments de gâteau à alvéole royal ;
si toutefois il n'y avait pas assez d'abeilles à la
surface de la ruche, j'en fais sortir un certain
nombre au moyen de la fumée comme dans toutes
les opérations où il faut refouler les abeilles.

En agissant ainsi, on aura soin d'examiner
si la Reine-mère n'est pas au nombre de celles
tombées dans la boite vide à l'aide du plumeau. Si
elle s'y trouvait, on la reprendrait, et on la remettrait
dans sa ruche ; on la saisit par les ailes, afin qu'elle
ne pique pas l'opérateur. Si on avait un verre, on
la ferait passer dedans au moyen d'une plume.

Si la boîte de la vieille ruche, qu'on tient en
mains, contenait un ou plusieurs alvéoles de Reine,
il serait inutile de reprendre la reine mère tombée
dans la boite nouvelle, car la prospérité de l'ancienne ruche ne serait pas compromise ; et il en résulterait un avantage, c'est que la boîte nouvelle aurait
une Reine, capable d'agir immédiatement ; alors
l'alvéole royal attaché au fragment de gâteau

deviendrait sans importance, et on aurait gagné du temps et hâté la reprise des travaux.

Cela fait, on renverse ces bo tes et on les pose sur leur tablier aux places vacantes du rucher, en ayant le soin de boucher leur entrée pendant 48 heures avec un canevas métallique, pour ne pas obstruer le passage de l'air, et on met desuite, dans la mangeoire, du miel, qui dans ce cas est le seul aliment qu'on puisse offrir aux abeilles recluses.

Au moyen de la chaleur du calorifère et d'une bonne nourriture, ces essaims réussissent presque toujours, parce que ne sortant pas pendant les jours de froid, ils ne sont pas exposés à périr, comme ces petits essaims secondaires naturels d'été, qui n'ont de chances de réussite que s'ils ont été doublés et bien soignés.

Les abeilles renfermées dans ces boites ne tardent pas à se consoler de leur séparation de la ruche mère et de se rassurer sur leur avenir, puisqu'elles savent que leur jeune Reine va sortir de son berceau.

L'opération est terminée; l'époque de la première éclosion des fleurs aux champs ne doit pas tarder d'arriver. Alors ces petites colonies, quoique faibles trouvent bientôt leur nourriture dans la campagne et ne tardent pas à prospérer. Mais elles ne pourront devenir fortes et populeuses que dans le courant de l'été.

Il est bien entendu qu'on a éteint le calorifère quand la chaleur naturelle de l'air extérieur est revenue de 15 à 20 degrès; alors ces essaims ne peuvent que se fortifier et constituer de bonnes ruches pour l'année suivante.

Comme il existe 8 rayons dans mes ruches et qu'on peut enlever un nombre de fragments égal à celui des alvéoles royaux qui leur sont attachés, il est possible de faire dans une année 10 et même 12 essaims, qui multipliés pendant quelques années ne tarderont pas de garnir un immense rucher. Voilà, (où je me fais une étrange illusion,) le plus grand progrès de notre époque en apiculture!

Ces opérations terminées, il ne nous reste plus qu'à réunir les deux boites de la ruche mère, ce qui se pratique, ainsi que nous l'avons dit, dans l'essaimage artificiel, c'est-à-dire à les réunir et à les poser sur une hausse vide dans la place vacante la plus éloignée de celle qu'elle occupait dans le rucher.

On comprendra facilement combien il est important de soigner la ruche mère, (soumise à la chaleur du calorifère,) d'où le grand essaim doit naître ; car non-seulement il y aura autour des gâteaux beaucoup d'alvéoles royaux, mais cet essaim retenu dans une hausse sera tellement vigoureux qu'il se mettra très-vivement au travail dès la première éclosion des fleurs en mars (au midi) (en avril dans le Nord), et qu'il constituera dans un mois environ une ruche nouvelle, armée de ses gâteaux, de couvain, prête à produire un essaim nouveau, et qui sera dans la même position que celle où était la ruche mère, car un nouveau fort essaim sera bientôt bon à enlever.

Il y aura donc eu, par l'application de ce nouveau procédé le produit de 3 grands essaims artificiels provenant d'une seule ruche au commencement de l'essaimage ordinaire, sans compter les nombreux petits essaims, *boutures,* qui auront été obtenus au moyen des alvéoles royaux pris dans les 3 grands essaims ; d'où il suit qu'en réalité, le nombre des essaims artificiels qu'on peut obtenir par mon procédé est illimité.

Que l'on compare l'avenir que promet l'adoption de ce système, avec l'état actuel des ruchers de nos campagnes, où le nombre des ruches est presque toujours le même, quand il ne diminue pas !

Mais il faudra des soins et bien suivre les prescriptions que je donne ci-dessus.

Cette manière de se procurer beaucoup d'essaims est si importante qu'elle me laisse entrevoir la fondation d'une nouvelle carrière dans nos campagnes, celle de *berger* des *abeilles* à *l'année,* tout comme il y a des bergers pour les troupeaux des bêtes ovines où bovines.

Voilà de quoi occuper les vieillards dont les bras épuisés de fatigue ne peuvent plus manier la pioche ou diriger le soc de la charrue !

Il y aura de grands bénéfices pour le propriétaire, bonne rétribution pour le berger apicultural, sans préjudice des récoltes produites par la culture des terres ! que de propriétaires ont d'immenses collines et vallées chargées de fleurs, et qui par l'apiculture produiraient de bons revenus !

Qui sait si un apiculteur intelligent et laborieux ne pourrait pas gagner autant qu'un avocat sans cause ou un médecin sans malade ! et il respirerait à coup sûr, un air un peu plus sain que celui dont les poumons se saturent si amplement dans les salles d'audience au palais, ou dans la chambre d'un fiévreux ou d'un cholérique !

Le Comte.

M. l'Apiculteur, j'approuve très fort votre idée. Il surgira une carrière nouvelle de l'apiculture ainsi développée. Mais reprenons le fil de l'essaimage naturel qui, pour le moment est le plus essentiel, d'autant que peu de propriétaires ont leur rucher construit, disposé pour recevoir le calorifère. Nous voici au temps de l'essaimage, donnez-nous quelques détails à ce sujet.

Marcellin.

Voici ce qui se passe au printemps. Chaque

journée il se fait une ample moisson de miel et de pollen. On voit l'abeille empressée s'abattre lourdement au retour des champs sur le tablier de la ruche avec le nectaire ou le suc des fleurs dans la gorge et portant dans la palette de ses pattes de derrière le pollen roulé en petite valise, et de couleur jaune ou blanche selon la nature des étamines où elle a puisé la substance.

Dès qu'elles entrent dans la ruche elles vont dégorger le miel (qui s'achève dans les rayons par suite de l'évaporation des parties liquides); Puis les abeilles chargées du service de la construction des cellules, s'empressent de dégager des pattes de l'abeille voyageuse le pollen qui sert à faire la cire.

C'est en ce moment, vers le milieu du printemps, qu'il est beau de voir le travail des abeilles à travers la ruche vitrée; c'est alors que tout est en activité, comme dans les ateliers du Creusot, que la Reine recommence à pondre des milliers d'œufs avec une ardeur indescriptible; bientôt sa fécondité est à son comble! La population s'accroît de tout côté, la vie ruisselle des alvéoles! Mais pendant ce travail incessant de reproduction, et sur plusieurs points, surtout aux extrémités du bas des gâteaux ou sur les côtés, les ouvrières construisent de grands ouvrages de cire qui sont loin de ressembler aux alvéoles communs. C'est un gland (Fig. 18) qui se développe et s'allonge en pendant, c'est une cellule, berceau futur d'une Reine. La Souveraine ne tarde pas à y déposer un œuf. Un ver éclot peu de jours après: les neutres le nourrissent avec soin, et il passe bientôt à l'état de Nymphe. Avant ces transformations le berceau de la Reine future a été prolongé par les ouvrières, puis fermé par le bas avec de la cire; et c'est alors qu'il présente la forme d'un petit œuf ou un gland de chêne guilloché avec assez de bizarrerie.

Quinze ou vingt jours après (selon le degré de température), les jeunes Reines percent le sommet de leurs berceaux, et cherchent à en sortir. Mais une garde nombreuse, jalouse de la conservation des droits de la Reine mère surveille leurs mouvements et les retient captives. Alors ces jeunes Reines, se voyant contester le rang que la nature leur a préparé, poussent un gri plaintif, qui se rapproche du léger chant de la grenouille.

Aussitôt la Reine mère prête l'oreille et elle ne tarde pas à reconnaître la voix de ses filles qui veulent s'ériger en nouvelles rivales.

Saisie de frayeur et d'une colère inspirée par la jalousie, elle court d'un berceau à l'autre; elle fond sur le premier qu'elle peut atteindre et enfonce son aiguillon à travers le léger pellicule de cire qui semblait mettre la jeune Reine à l'abri de sa fureur. Si celle-ci est piquée, elle meurt même dans son berceau, avant d'avoir vu la lumière ; Ce qui arrive souvent malgré la surveillance des abeilles qui sentant le besoin d'avoir une Reine en cas où la Reine mère partirait à la tête d'un essaim, veulent protéger la naissance d'une jeune Reine ; car en voyant que la population devient trop nombreuse, elles prévoient la nécessité d'une émigration prochaine à la tête de laquelle la Reine mère doit sortir.

Ainsi les ouvrières, s'érigeant en puissance magistrale, arrêtent l'animosité de la Reine mère et tâchent de sauver les jeunes princesses qui, destinées à remplacer leur mère, sont l'avenir de la ruche. Il faut conclure de ce fait que les Rois tiennent à leur couronne, qu'ils n'aiment pas à abdiquer, et que les législateurs prudents doivent toujours prendre des précautions pour le salut et l'avenir de l'État, et veiller à ce que les Rois ou les chefs de république ne fassent pas défaut, en cas de décès.

Le Comte.

On en trouvera toujours !

Marcellin.

Je le crois ; pendant ce temps la révolution

s'accroit, les abeilles prévoyant leur sortie prochaine, et aussi qu'elles ne sont pas assurées de trouver desuite un gite propice et de la nourriture, se livrent au pillage, en se jettant pèle-mèle sur les cellules remplies de miel, comme une de nos armées, qui, avant de partir en colonne pour s'avanturer dans les déserts de la Kabilie, se munit de beaucoup de vivres pour affronter la famine, au cas où elle éclaterait.

Ce qui prouve ce fait de précaution, c'est que dès l'instant que l'essaim est recueilli et groupé dans le haut de sa nouvelle ruche, il commence à construire des rayons avec une grande célérité. Comme il était gorgé de nourriture il avance, en peu d'heures dans ses travaux, autaut que lorsqu'il ira butiuer largement au dehors; c'est qu'il avait garni amplement son estomac, comme fait, avant son départ le chameau des caravanes affricaines!

Voilà donc la ruche à son apogée de trouble! La population est trop nombreuse; plusieurs Reines vont se disputer le pouvoir! La révolution est à son comble! Alors un grand nombre d'abeilles ne pouvant plus supporter le degré de chaleur que cause ce grand mouvement, et gorgé de miel sort en tumulte de la ruche, se groupe à son entrée, (ce qu'on appelle le soleil d'artifice), en attendant la décision de la Reine mère.

Celle-ci descend, et dès qu'elle paraît, l'essaim s'élance avec elle, et va se grouper dans un lieu voisin. Voilà le premier essaim produit !

La ruche dépeuplée reçoit bientôt les abeilles qui voltigeaient dans les champs au moment de l'essaimage, et il en naît d'autres à chaque instant. La première jeune Reine, qui a accompli sa transformation, sort majestueusement de sa cellule, après avoir été retenue captive pendant un certain temps dans l'intérêt et pour le salut de la colonie, et elle remplace sa mère. Bientôt elle vole, une fois seulement, hors de son palais se laisse joindre dans l'air par un des mâles qui bourdonnent à l'entour; la voilà fécondée, elle rentre, et elle ne tardera pas à commencer sa ponte. Voilà le royaume constitué de nouveau sans qu'il en coûte une obole, tandis que chez nous c'est bien diff.... !

Huit jours se sont écoulés depuis le départ du premier essaim, et les mêmes phénomènes que nous venons de décrire, se reproduisent encore, c'est le second acte du drame. La jalousie s'empare encore de la jeune Reine éclose la première, et la porte à immoler ses sœurs cadettes qui chantent dans leur berceau de cire.

Mais la garde qui veille aux barrières du Louvre (Malherbe) et qui est nombreuse, y met son *veto*. Alors la Reine (car les Rois s'impatientent parfois) ne pouvant plus contenir son irritation se décide à quitter la ruche, comme avait fait sa mère. Le 2ᵐᵉ essaim est produit.

Ici le drame va se compliquer. Au milieu du troublé qui résulte d'un départ précipité, plusieurs jeunes princesses, écloses dans leur berceau royal, ont réussi à tromper la vigilance de leurs gardiennes et sont sorties de leurs cellules ; Puis elles ont rejoint l'essaim qui voltigeait devant la ruche. Telle est la cause du nombre des Reines surnuméraires qui est, quelquefois, considérable dans les essaims secondaires. Il en est parfois jusqu'à 10 ou 12 ! Mais, hélas ! une fatale destinée les poursuit ; le sceau royal qui est imprimé sur leur jeune abdomen sera leur arrêt de mort, comme dans la tragédie historique *des Enfants d'Edouard*. La Reine qui est à la tête de son essaim leur livre bataille et obtient le plus souvent la victoire ; on voit par terre les cadavres de ces infortunées gisant, devant la ruche où l'essaim a été recueilli. Elles meurent sur le seuil de leur palais et vierges ; ce qu'on reconnaît à leur abdomen, moins éclatant que celui de la Reine mère, et non détendu par l'effet de la ponte, ainsi qu'à leur haute taille et à la couleur de brun doré qui décore leurs pattes. Pourquoi Dieu les fit-il naître s'il les destinait à mourir vierges sur les marches du trône qu'elles

avaient dû espérer de franchir ! Mais rassurons-
nous ! une telle calamité tend à ne plus se reproduire,
grâce à l'idée qui m'est venue de faire des essaims
boutures à l'aide du calorifère. Désormais chacune
de ces princesses ornera ses antennes du bandeau
royal, et aura un peuple à gouverner ! qui eut jamais
pensé qu'un pauvre habitant d'un village de la
Roche des Arnauds, situé dans un versant des
Hautes-Alpes, aurait, comme Napoléon I⁰, fait
des Reines, et aurait donné à chacune un royaume!

Parfois la Reine mère, gouvernante de l'essaim,
succombe dans ce duel à mort qu'elle a provoqué
contre sa fille ambitieuse, princesse du sang. Dans
ce cas celle-ci prend le commandement, et la colonie lui obéit. Ce fait, très-exact, rappelle involon-
tairement le combat à outrance des Horaces et des
Curiaces. Les abeilles sont témoins du combat entre
les deux Reines ; mais elles se gardent bien de
prendre fait et cause pour l'une ou pour l'autre ;
car elles comprennent que ceci n'est pas leur affaire
propre, et qu'il se trouvera toujours sur les deux
une Reine pour les gouverner. Elles ont l'air d'admettre que chacun doit soutenir sa cause, à ses
risques et périls, sans qu'il soit besoin d'invoquer
des secours étrangers, d'autant que si les deux
armées de deux ruches se livraient bataille, rien
ne serait changé dans la fin du combat, il y aurait

toujours un vainqueur et un vaincu, et deux armées en grande partie détruites !

LE COMTE.

Il est difficile qu'on puisse raisonner plus juste que ne le font ces abeilles.

JEAN.

Elles n'étion pas bêtes ces abeilles là ! alors la conscription n'existe pas chez elles ?

MARCELLIN.

Elle serait inutile ! d'autant qu'elles sont toutes soldats, si la guerre devenait inévitable. Mais quand il n'y a pas nécessité, elles ne se battent pas; il en est autrement au cas où des ennemis viendraient leur enlever leur miel. Là, leur intérêt est en cause, il s'agit du larcin de leurs provisions ! elles se défendent à outrance, car avant tout elles veulent vivre du produit de leurs travaux !

LE COMTE.

Rien n'est plus juste; mais reprenez vos essaims secondaires et tertiaires.

MARCELLIN.

Il arrive souvent que les mêmes causes se reproduisent 4 et même 5 fois, c'est-à-dire, qu'il se forme jusqu'à 5 essaims. Mais, en général, ils sont de plus en plus faibles, et il sera nécessaire d'en réunir deux ou même trois pour obtenir une bonne ruche.

LE COMTE.

Ces détails sont très-curieux, et je vous remercie;
mais quel est le point moral qui en résulte ?

JEAN.

Ah, oui, encore un petit prône! c'est si amusant !

MARCELLIN.

Si Jean Lafontaine était-là, il vous en dirait plus
que moi à ce sujet; Mais enfin on pourrait conclure
des faits cités, 1° que les souverains n'aiment pas
à partager la couronne avec qui que ce soit, et pas
même avec leurs parents les plus proches. L'histoire
est là d'ailleurs pour légitimer cette opinion.

2° C'est que de tous temps il y a eu des princes
favorisés par le destin, créés pour régner et que
beaucoup d'autres sont tombés de bonne heure, sans
pouvoir s'appuyer, un instant, sur ce bâton doré,
et si envié, qu'on appelle le sceptre !

3° La nature a voulu peut-être, dans l'intérêt
des peuples, qu'il n'y eût qu'un chef pour les gouverner, ce qui, du reste est peu dangereux dans un
État, où comme dans celui des mouches à miel, il
existe des pouvoirs qui font équilibre, et le suffrage
de tous et par tous, librement exercé!

4° Enfin que les rois, au lieu de laisser se battre
leurs armées, pourraient vider leur querelle entre
eux ou à l'épée, ou aux cartes, ou par un congrès
européen, comme a voulu le proposer l'Empereur

actuel de France avec tant de bon sens et de sentiments humanitaires !

JEAN.

Il y a encore quelques douzaines de moralités !

MARCELLIN.

Non, plus qu'une, et qui t'intéresse, Jean; si tu as dans ta maison ou une belle-mère ou une sœur, ou une cousine ou une grand maman ! la voici. Dès qu'il y a deux Reines dans une ruche, la guerre à mort est déclarée. Tout de même s'il y a deux femmes dans un ménage, il n'y a plus moyen d'y tenir, car toutes deux veulent commander ; il faut que l'une change de résidence !

JEAN.

De tout ce que vous avez dit, cette dernière conséquence est la plus vraie. Car j'avion, jadis, une belle-mère chez nous. Ah ben oui ! ça n'a pas duré plus d'une semaine ! il fallait que l'une ou l'autre d'elles sortit ! elle est partie, la chère belle-mère ! depuis il y a la paix chez nous !

LE COMTE.

D'où il suit, Jean, que si tu avais étudié ta ruche, tu aurais, avant le mariage, invité poliment ta chère belle-mère à rester chez elle !

JEAN.

C'est ben juste ! ah quel vacarme il y avait alors chez nous ! Enfin c'est fini, au moins, dans ce monde, car dans l'autre je n'étion pas trop rassuré !

Le Comte.

Mais M. Marcellin, puisque vous parlez de la guerre intérieure des ménages, ne pourriez-vous pas nous dire si les abeilles ne se battent pas quelquefois de ruche à ruche, et si elles ont autant de courage que nos soldats!

Jean.

Ah! oui, dites-nous si les abeilles se battion avec des canons de gros calibre! Je voudrion bien voir ça!

Marcellin.

Les guerres qui éclatent plus d'une fois de nation à nation entre deux ruches sont terribles et sanglantes.

Jean.

Il me semblion que j'entends leur cannonade!

Marcellin.

Vous riez, Jean! attendez! Entre les deux armées le choc est épouvantable. Là il n'y a pas de combattant qui hésite à tirer sa bayonnette! Là autant d'abeilles autant de Césars! La Reine, comme la Sémiramis des temps anciens, dirige avec habileté l'attaque ou la défense, tout comme si elle avait suivi les cours aux écoles de St-Cyr ou de Saumur. Ce sont des batailles, il est vrai, qui ne sont qu'à l'arme blanche, mais chaque coup porte et fait couler du sang!

Le Comte.

Il en coula davantage à Pourrières lors de la bataille de Marius contre les Cimbres et les Teutons !

Marcellin.

Oui, à coup sûr ! Mais là, chaque amazone, oppose à son adversaire une arme égale ! oh ! c'est bien mieux que chez nous, où on s'est amusé à inventer des obus et des canons, et des boulets à la Praixans qu'on oppose à une lame d'épée, ou à un mousquet envoyant des balles de la grosseur d'une noisette ; ce qui fait que la valeur personnelle ne sert plus à rien ! que faire avec une épée à opposer à un boulet de 48 ? à quoi sert le courage ? aussi lorsqu'on proposa à un roi de Lacédémone d'employer des machines nouvelles de guerre pour faire un siège contre une ville voisine ennemie, il répondit avec bon sens. « Je ne veux pas connaître votre secret ; que deviendrait la valeur de mes soldats, si j'employais vos artifices ! »

Jean.

Cette fois, c'étion tout de bon, je vais me coucher ; que vos abeilles se battent avec courage ou qu'elles désertent le champ de bataille ; ça m'est égal. Si elles vont essaimer au loin, je les suis, je me mets à leur tête, en guise de Reine ! En avant ! je vous saluon !

MARCELLIN.

Ce n'est pas la peine! attendez, Jean, je finis;
M. le Comte n'a-t-il plus de question à m'adresser!

LE COMTE.

Vous avez dit que Napoléon Ier avait choisi
l'abeille pour décorer le manteau impérial ; mais
cet Empereur n'a pas été le seul à choisir ce sym-
bole du travail. Les écoles de commerce l'ont
aussi adopté. En connaissez-vous la raison? Le
collet des élèves porte l'abeille brodée.

MARCELLIN.

Oui, M. le Comte; ce signe a été posé sur les
vêtements de ces jeunes gens, pour qu'ils se sou-
viennent que non seulement il faut être laborieux,
mais aussi qu'il ne faut jamais frauder en matière
commerciale; car il n'est pas de produits plus purs
plus dégagés de tous corps étrangers que le miel et
la cire. C'est là un enseignement qui a son importance !

LE COMTE.

Sans doute, et sous ce rapport vous ne pouvez
trop multiplier vos essaims, si vous voulez poser
une abeille sur l'enseigne de presque tous les
marchands !

MARCELLIN.

C'est en grande partie pour atteindre ce but que
que j'ai fait des boutures d'abeilles.

Le Comte.

C'est parfaitement calculé! L'abeille posée sur l'enseigne équivaudra à l'affirmation que, désormais, chaque marchand vendra les denrées telles que la nature ou l'art primitif les ont produites.

Mais ce n'est pas seulement la fraude qu'il faudrait punir. La loi inflige une peine à ceux qui maltraitent les bestiaux. Ne pourrait-on pas en faire une autre qui unirait les étouffeurs d'abeilles ou appliquer tout simplement la première. Car à coup sûr, c'est un très mauvais traitement que de tuer un animal, surtout quand il est si utile!

Le Comte.

A présent j'arrive à une grande question philosophique sur laquelle vous pourriez jeter un peu de jour.

Vous avez dit que les jeunes abeilles, en sortant de leur berceau, savaient tout, sans avoir rien appris, et que les Reines, en naissant, connaissaient toute la politique nécessaire dans l'art du commandement sans avoir fréquenté les écoles, la Cour, ni lu Montesquieu. Savez-vous que ce document est fort curieux! Si les philosophes du dernier siècle, qui ont tant combattu pour savoir si les idées sont *innées* ou *acquises*, avaient étudié les abeilles, ils n'auraient pas eu à ce sujet des débats si obstinés; ils auraient dit simplement; oui, les idées sont acquises chez l'homme, oui elles sont innées chez les abeilles.

MARCELLIN.

C'est évident. La preuve est facile à administrer, un garçon vient au monde sans intelligence; puis il grandit; mais son jugement devient stupide; il brise tout jusqu'à 7 ans Enfin il devient homme; alors on l'envoie en guerre où il fait un cours de philosophie un peu forcé, s'il ne reste pas sur le champ de bataille! ou on le met à l'école de droit; là il travaille pendant 3 ans pour apprendre qui a raison du créancier ou du débiteur! si ses idées avaient été innées, il n'aurait pas eu besoin de tant de leçons !

L'abeille, elle, dès l'instant qu'elle sort de son berceau, elle sait tout ce qu'elle doit faire en construction d'alvéoles, en cire, en miel, en pro- polis, en respect filial, en soumission aux lois de la ruche, en politique, en tout enfin. Quant à la Reine en sortant de la cellule royale, elle connaît tous les secrets de l'art de régner. Elle n'a besoin ni de ministres ni d'ambassadeurs, ni de lire Machiavel. Si elle périt, aussitôt une Reine nouvelle, tout aussi expérimentée, sans avoir reçu des leçons, prend le sceptre et gouverne aussi bien, pour ne pas dire mieux que Trajan ou Marc-Aurèle !

JEAN.

A ce compte-là, je voyon qu'une mouche à miel est plus qu'un homme, et qu'un Empereur Romain !

LE COMTE.

J'en ai peur ! ou tout au moins il est certain que l'intelligence d'une abeille est un peu plus précoce que ne fut celle d'Alexandre-le-Grand !

MARCELLIN.

L'abeille, en effet, agit toujours avec discernement depuis qu'elle éclot dans sa loge jusqu'à la fin de sa carrière, le tout sans avoir eu d'autre maitre que la nature; et l'homme commet des erreurs et des fautes pendant toute sa vie, quoiqu'il ait eu des maitres sur tous les arts et sur toutes les sciences !

LE COMTE.

Impossible de nier ces faits !

JEAN.

Je voudrion bien qu'il en fut de même chez nous que chez les abeilles, car je ne dépenserion pas de biaux écus pour envoyer nos enfants à l'école où ils n'apprennent qu'à nous faire enrager; quand ils sortent de là, on dirait une grêle qui tombion des nues avec fracas !

LE COMTE.

Ah ! c'est qu'ils sont restés trop longtemps assis...

Mais laissons des comparaisons si peu à l'avantage de l'espèce humaine et reprenons nos projets, il est donc convenu, M. Marcellin, que vous poserez des ruches ici, et que Jean les soignera selon vos prescriptions !

Et il ne sera pas seul de suivre de près ces insectes intéressants, car je les visiterai souvent, et je tâcherai d'acquérir leur affection et leur reconnaissance, ce qui n'arrive pas toujours dans nos rapports avec nos semblables, où le mal souvent est rendu en échange d'un bienfait ! Je ferai plus ; j'habituerai mes enfants et Mme la Comtesse à visiter aussi souvent ces petits animaux pour leur inspirer l'amour du travail, et à resserrer les liens sacrés de l'amour de la famille et de la société !

MARCELLIN.

Et toi Jean, tu consens à écouter mes conseils et à les mettre en pratique.

JEAN.

J'y consenton, pourvu que vos piqueuses me laissent tranquille ! Est-ce que vous ne pourriez pas un peu leur limer l'aiguillon ?

MARCELLIN.

Ce ne serait pas facile..., mais je les engagerai à respecter ton capuchon et ton masque de couvre-plat. Va, tout ira bien, soigne ces pauvres bêtes,

et songe que non-seulement tu auras du miel pour
faire du nougat, pour ton dessert, pour improviser
des tisanes, mais aussi pour avoir des cierges
quand tes enfants auront le bonheur de faire leur
première communion ! Ce sera tant d'épargné ! car
un cierge de belle et bonne cire pure coûte bien
cher aujourd'hui !

JEAN.

C'est vrai ; M. Marcellin, mais qui sait si vos
abeilles avec lesquelles je me réconcilion pour vous
faire plaisir, (et franc de piqure !) ne feront pas
autant du mal à nos arbres à fruit ,fleuris au mois
de mai, qu'en font les poules aux champs ense-
mencés nouvellement, et aux vignes pendant le mois
qui précède la vendange.

MARCELLIN

Ne crains rien ; M. le Comte qui est familier,
sans aucun doute, avec les connaissances puisées
dans l'histoire naturelle, te dira que les abeilles
au lieu de nuire à la floraison et à la fructification,
leur sont favorables. En effet, en botanique , il est
reconnu que le centre de chaque fleur épanouie
porte le pistil ou partie femelle de la plante, et que
les étamines rangées autour du pistil constituent
la partie mâle, ou la poussière qui, introduite dans
le pistil, amène la formation de la graine ou du fruit

Eh bien ! Les abeilles semblent avoir été créées non-seulement pour produire du miel et de la cire et nous offrir en même temps de bons exemples à suivre, mais aussi pour suppléer au vent, ou pour l'aider à secouer sur le pistil la poussière des étamines. Quand tu en auras le temps, Jean, observe une abeille plongeant sa trompe dans le calice des fleurs. Tu la verras se gorger de nectaire, puis détacher habilement la poussière des étamines des fleurs, la rouler et la passer de patte en patte jusqu'à la palette ou petit creux qui termine chacune des pattes de derrière, destiné au charroi du pollen. Mais pendant ce travail de l'abeille la poussière des étamines se détache et tombe sur le pistil, effet que le vent produit aussi quand il y a de la brise dans l'air, et il y a fécondation facilitée par les mouvements de l'abeille.

Il y a plus, il est prouvé que la plupart des croisements de fleurs et des fruits provient de ce que l'abeille va d'une fleur à l'autre d'une même famille, mais plus grande ou plus colorée, et que par ce moyen calculé par la nature, nous obtenons des fleurs plus belles, plus variées que celles où l'abeille avait puisé d'abord son pollen et son nectaire.

Il est encore établi par l'observation des naturalistes que le travail des abeilles protége les fleurs

contre le ravage des petites gelées, de la gelée
blanche surtout ; car pendant le jour l'abeille a enlevé du calice des fleurs la liqueur sucrée qui s'y
trouve délayée par la rosée de la nuit précédente; et
alors la nuit suivante le gel ne s'y produit pas.

Le Comte.

Ces observations sont conformes aux principes de
la science ; Jean, tu n'étoufferas plus tes abeilles !

Jean.

Ah! vous me faites éprouver des regrets, et plus
que ça, des remords! Et dire que de père en fils,
depuis avant mon arrière grand-père, nous avons
étouffé dans notre famille seule plusieurs milliards
d'abeilles (car nous n'avions pas compté!) qui
auraient engendré encore plusieurs autres milliards
de sujets, et que si nous avions fait autrement
nous aurions de biaux écus en réserve! ah! les
pauvres bêtes! et que d'écus envolés!

Le Comte.

On sacrifiait le capital pour avoir l'intérêt! et
de plus on se livrait à un acte de barbarie et
d'ingratitude!

Jean.

C'étion vrai! Mais, aussi, pourquoi M. Marcellin
n'est-il pas venu plus tôt? pourquoi M. le Curé, le
notaire, le percepteur, le juge de paix, (les savants

du pays)! ne nous ont rien dit de tout celà!

LE COMTE.

C'est que ces Messieurs ont chacun une spécialité!

JEAN.

Mais M. le Curé, en chaire, aurait bien pu nous lâcher un petit mot à ce sujet; en nous congédiant, après l'*ite missa est*, il pouvait bien parler des abeilles !

LE COMTE.

Tu as retenu ces trois mots parce que ce sont ceux qui t'intéressent davantage, et qui te permettent d'aller, desuite, de l'église au cabaret.

MARCELLIN.

Enfin me voici prêt à établir des calculs qui vous permettront de vous lancer dans cette raisonnable spéculation , où on peut s'enrichir sans pouvoir se ruiner. C'est peut-être la seule qui se trouve dans ce cas !

M. le Comte achetez deux ruches à vitre du prix de 7 f. pièce, dont 7 f. pour chacun ; ajoutons 10 fr. pour les deux essaims qu'on se procurera dans le voisinage au temps de leur sortie, cela fera 24 fr., ou 12 fr. pour chacun de vous. Certes ce ne sera pas un capital énorme à mettre en circulation! Et même, si tu voulais suivre mon conseil, Jean, tu n'aurais rien à dépenser. Je crois que tu es un très petit fumeur ?

JEAN.

Deux sous par jour !

MARCELLIN.

Eh bien, borne toi à 5 centimes par jour ; cela te fera 18 fr. d'économie à la fin de l'année ; tu auras payé ta part du petit rucher, et il te restera encore 6 fr. pour les étrennes du jour de l'an, et acheter à ta femme un beau tablier. Achète une pipe du plus petit calibre, et tu seras tout aussi avancé en expédiant dans l'air une petite bouffée de vapeur qu'une grosse ; d'autant que les organes de la bouche, d'après Hypocrate, n'ont pas été faits pour fumer, mais uniquement pour parler, boire et manger.

Ces deux ruches produiront plusieurs essaims l'année suivante. Cela fera la boule de neige, et dans quelques années tu auras un joli capital abeille qui ne t'aura coûté que de fumer un peu moins ; tout cela se fera avec beaucoup moins de frais qu'il n'en faut pour élever des lapins, des canards, des dindes ou des poules. Oh ! les poules, ami Jean, quelle affreuse spéculation ! que de mal elles font aux semences, aux moissons et aux vendanges si on n'a pas le soin de les renfermer !

JEAN.

C'est pourtant vrai ! vos omelettes nous coûtent (chacune), et par fois, plus d'un boisseau de blé !

MARCELLIN.

Eh bien! Jean, renonce-tu au sou de tabac? 30 grammes de miel peuvent sauver la vie à un homme malade; 30 grammes de tabac n'ont jamais sauvé poitrine humaine. Au contraire ils nuisent plustôt à la santé et on incommode son interlocuteur. Car cela ne laisse pas dans la bouche l'odeur de la fleur d'orange; je n'ai jamais vu une abeille se livrer à l'exercice de la pipe; et ta femme se plaindra un peu moins, car tu n'as pas inséré dans ton contrat de mariage qu'elle aurait à supporter jour et nuit le parfum qui s'exhale d'une vieille pipe, bien ou mal culotée!

JEAN.

Le notaire avion oublié cet article là dans le contrat, il n'y était question que de trousseau et de la dot de la future. On oublia cet article pipe, comme quoi, j'aurion dû faire des réserves à cet égard!

J'essaieron de soustraire au gouvernement un sou par jour pour avoir un beau rucher dans quelque temps, c'est convenu! Ah! si je pouvion ne plus fumer du tout! mais...

LE COMTE.

Jean, tu ne pourrais tenir ta promesse! La force de l'habitude reprendrait bientôt le dessus comme le liège enfoncé dans l'eau reparaît desuite à la

surface. Continue à fumer, je ferai l'achat des deux
ruches, et tu seras de moitié, tout de même.

JEAN.

Merci, M. le Comte; quand on fume depuis 30
ans ! et puis! que deviendrait ma pipe! elle se moi-
sirait cette vieille amie! voyez-vous, d'ailleurs,
quand j'ai du chagrin, c'est elle qui me console!
une vieille pipe, ça remplace presque la femme,
les enfants! ça tient lieu de tout! merci M. le Comte;
à propos, et sauf le respect que je vous devon, si
vous permettiez que je fume une pipe, une seule...

MARCELLIN.

Une après l'autre !

LE COMTE.

Fume, ami Jean, nous sommes ici en plein air,
et je n'aime pas à gêner les habitudes de ceux qui
m'entourent, surtout quand elles facilitent la
marche du gouvernement, qui a beaucoup de
charges! Fume, à moins que cela ne gêne Monsieur
Marcellin !

MARCELLIN.

Non, fume, Jean, va, je vois que tu profites bien
de mes leçons; tu deviendras, si tu continues, un
grand apiculteur! fume, mon ami Jean, il faut
de l'argent à nos gouvernants pour tant de choses,
et surtout pour embellir la capitale! car on n'y
travaille pas mal!

LE COMTE.

Oui ! il s'y fait quelques réparations ! on a créé des squarres de tous côtés ; Paris se transforme en jardins plus beaux que ceux des Hespérides !

MARCELLIN.

Il me vient une idée ! il y a tant de vases dans le marché aux fleurs de la Capitale, que je pourrai bien y établir un rucher, tout près du Palais de Justice. Je pense qu'un peu de miel, dans ce quartier, serait nécessaire pour adoucir le gosier des avocats, qui, parfois, s'échauffent beaucoup à propos d'un mur mitoyen, d'un droit de vue ou de passage, et surtout des séparations de corps qui coûtent plus cher que le contrat de mariage lui-même, et que les pauvres gens ne peuvent provoquer !

LE COMTE.

L'idée n'est pas mauvaise ! je prends des actions dans cette nouvelle entreprise ; car outre le débit de miel que vous procurerait le voisinage du temple de la justice, vous auriez celui de la cire, puisque vous seriez placé entre la Sainte Chapelle et l'église métropolitaine de Notre-Dame où il s'en fait une très grande consommation, les jours du *Te Deum !*

MARCELLIN.

Ce qui augmenterait le succès de l'entreprise, c'est qu'en outre des Tuileries, du Luxembourg, de la place St-Louis, des squarres nombreux établis nouvellement, il y a des vases de fleurs presque sur toutes les fenêtres de nos dames, qui aiment tout ce qui rappelle leur fraîcheur et leur éclat! Cette opération serait d'autant plus curieuse et intéressante qu'on accusait Paris de dérober un grand nombre d'hectares de terre à la culture, d'avoir 15 lieues improductives de tour! désormais cette ville, qui consomme tant, donnera au moins un produit agricole en miel et en cire, sans frais d'engrais, de semence et de main d'œuvre! il y a plus! mon rucher parisien donnera peut être au Conseil Municipal l'idée d'affermer le droit de rucher et de tirer bon parti de mon idée apiculturale, appliquée dans les grandes cités!

LE COMTE.

Oui; mais si on met un droit sur le miel et sur la cire (au cas où par distraction on aurait fait un oubli à ce sujet) comment l'octroi pourra-t-il empêcher la contrebande et vérifier les quantités de miel que les abeilles amèneront du dehors par dessus chaque barrière?

JEAN.

Ça ne sera pas facile pour délivrer un passe debout à chaque abeille!

LE COMTE.

On doublera le nombre des employés de l'octroi!

JEAN.

On pourra bien les centupler, s'il y a réellement, comme le dit M. l'Apiculteur, de 20 à 30,000 contrebandières par chaque ruche !

LE COMTE.

Le Conseil Municipal avisera, car il trouve toujours des moyens honnêtes pour équilibrer la dépense avec la recette.

MARCELLIN.

Ce Conseil n'aura qu'à prendre pour modèle de son budget celui de ma ruche où règne l'économie la mieux entendue ; car, là, tout est bien calculé ; et on peut dire, hardîment, sans crainte de pouvoir se tromper, qu'il n'existe pas au monde un gouvernement comme celui d'une ruche, où il y a toujours équilibre entre la recette et la dépense, et un excédent, en plus de la recette, de 50 à 60 pour cent de réserve en faveur du propriétaire du rucher. Là, il n'y a jamais d'arriéré, ni de dette flottante, i ni de report d'une année sur l'autre, ni de déficit, n de discussions financières entre les orateurs des assemblées politiques ! ici l'accord est parfait !

JEAN.

Est-ce que vos abeilles ont aussi un parlement, des députés ; etc. ?

MARCELLIN.

Elles n'en ont pas besoin, car chacune d'elles

exerce directement ses droits civils et politiques et assiste, en personne, à chaque assemblée délibérante.

LE COMTE.

C'est une grande économie !

MARCELLIN.

Mais, il faut dire aussi que pour éviter des frais, pour équilibrer son budget, l'abeille déploie une grande activité dans ses travaux !

LE COMTE.

Quel est le motif réel qui la porte à cet amour excessif du travail ?

MARCELLIN.

Comme elle n'engendre pas, elle n'est pas inspirée, comme les autres animaux et l'espèce humaine, par le sentiment de la maternité et de la reproduction de sa race ; elle travaille pour la reine mère, objet unique de son amour et de son respect. Elle éprouve, (et ceci est une grande leçon pour l'homme !) le besoin de l'association populeuse ; c'est pour cela qu'elle cherche à faciliter la reine dans ses moyens de multiplication, nettoiement de la ruche neuve et des alvéoles avant la ponte, soins de toute nature, afin que la colonie augmente en sujets travailleurs et en calorique, ce qui accroîtra les produits de la ruche ! voilà, certes, un véritable modèle à suivre pour les peuples et l'industrie commerciale. Sans l'association il n'y aurait ni canaux ni chemins de fer, ni compagnies d'assurance ni de grandes entreprises ni gouvernement possible, car ce dernier n'est qu'une société générale organisée sur une grande échelle! voilà aussi pourquoi les essaims faibles font si bon accueil aux autres essaims faibles! ils comprennent aisément que la ruche, augmentant en nombre, aura plus de chances de prospérité!

JEAN.

Décidément ces bêtes-là savent tout sans avoir rien appris! c'est fameux! Mais M. Marcellin, vous avez beaucoup parlé; voulez-vous vous gargariser chez nous avec une bonne piquête qui pique presque autant que vos abeilles!

MARCELLIN.

Merci, M. Jean.

LE COMTE.

M. Marcellin, je vous retiens à dîner, vous ne partirez qu'après ce repas de famille; mes chevaux vous conduiront à la gare du chemin de fer:

MARCELLIN.

J'accepte votre invitation avec d'autant plus d'empressement qu'il ne faut jamais négliger l'occasion de s'instruire et de se mettre en rapport avec les intelligences d'élite et les hommes les plus élevés dans notre état social, quand ils ont de nobles sentiments et des talents non contestés!

JEAN.

Mais, à propos, comme je suis un peu malin de ma nature, je voulais vous faire une question, avant de nous quitter, vous avez beaucoup parlé de fraternité, c'étion très-beau ! Mais cela n'empêchion pas que vous, si moral, vous ne vous faites pas le scrupule de voler ces pauvres abeilles, et que vous leur enlevez (tout masqué et caparaconné) (ce qui aggrave le délit) ! une bonne partie de leur miel ? cela n'est pas tout à fait charitable ! notre curé dit souvent à son prône qu'il faut respecter le bien d'autrui !

MARCELLIN.

Je les vole, c'est vrai, mais, en échange, je les protège contre les accidents facheux de la vie, les fausses teignes, les souris, les belettes, les maladies, le froid, et l'excès de la chaleur ! puis je leur donne de la nourriture quand elles en ont besoin, quand il y a disette dans la ruche ; enfin je leur prodigue des soins ! et toi, tu prends leur miel, et non–seulement tu les délaisses, toute l'année, mais tu les étouffes ! qui de nous agit mieux ?

JEAN.

J'avons tort, mais je ne savion pas qu'il y avait des moyens... Ah ! C'est que ces bêtes-là ne sont pas commodes ! et feu mon grand oncle

Mathieu disait qu'il vaut mieux tuer le diable que s'il nous tue.

MARCELLIN.

Tout compte réglé, je crois qu'on peut tuer le diable, mais non un bienfaiteur ? qu'en pense M. le Comte ?

LE COMTE.

Je pense comme vous ; l'étouffement des abeilles est un acte déshonorant pour nos campagnes !

MARCELLIN.

Cette réflexion est juste ; il est vrai qu'on ne tuait les abeilles que par ignorance et la crainte d'être piqué. Mais du moment que nous signalons les moyens pour éviter les piqures des abeilles, il y a réellement délit à les faire périr.

LE COMTE.

Vous avez oublié de nous citer les lois qui régissent les essaims. Je sais bien qu'on n'a pas besoin de vous pour les connaître, mais il serait fort ennuyeux pour nous, habitants des champs, d'aller compulser le recueil des lois ; veuillez nous citer les articles qu'il nous est indispensable de connaître pour savoir où nous pouvons poursuivre un essaim.

MARCELLIN.

Rien de plus juste ; voici tout ce qu'il vous faut savoir à ce sujet.

Lois sur les Abeilles.

————

(Extrait de la Loi du 28 Septembre 1791).

Le propriétaire d'un essaim a droit de le réclamer et de s'en saisir tant qu'il n'a pas cessé de le suivre; autrement l'essaim appartient au propriétaire, du terrain sur lequel il est fixé.

Un essaim qu'on aperçoit en l'air et qui n'est pas suivi appartient aussi à celui qui l'a aperçu et qui le suit.

Les ruches d'abeilles ne peuvent être saisies ni vendues pour contributions publiques, ni pour aucune cause de dettes, si ce n'est par celui qui les a vendues ou celui qui les a concédées à titre de cheptel ou autrement.

Pour aucune cause, il n'est permis de troubler les abeilles dans leurs courses et travaux; en conséquence, même en cas de saisie légitime, les ruches ne peuvent être déplacées que dans les mois de décembre, janvier et février.

Ainsi, règle générale pour la propriété des essaims :

1° L'essaim appartient au maître de la ruche qui le produit, pourvu que ce maître n'ait pas cessé de le suivre, et il peut le prendre partout où il s'arrête, à moins que l'essaim n'entre dans une ruche déjà habitée, cas auquel il le perd.

2° L'essaim abandonné qui s'arrête ou se groupe sur un fonds quelconque, sans s'y établir, peut être cueilli par le premier occupant, à moins que le propriétaire du fonds ne s'y oppose.

3° L'essaim abandonné, qui s'établit et se fixe à demeure sur un terrain, appartient au maître du terrain ; et celui qui le prend en son absence et sans son consentement se rend coupable de vol.

Article 534 du Code Napoléon.

Sont immeubles par destination, quand elles ont été placées par les propriétaires pour le service et l'exploitation du fonds les ruches à miel ; de là il suit :

1° Qu'on ne peut les saisir comme meubles ;

2° Qu'elles sont comprises dans la vente pure du fonds sur lequel elles sont placées, à moins qu'il n'y ait une clause expresse de réserve à leur égard ;

3° Qu'elles sont susceptibles de saisie immobilière en même temps que le fonds sur lequel elles sont établies. »

LE COMTE.

Ne pourriez-vous pas tirer, encore, une moralité au sujet de l'essaim qui déserte sa ruche, comme l'habitant des campagnes se précipitant vers nos villes ; ce qui est une cause évidente des maux qui affligent l'agriculture, et contre lesquels tous les comices sont invités à chercher un remède?

Marcellin.

Oui, M. le Comte, mais la désertion de l'abeille est légitime et productive, celle du cultivateur est fatale pour lui et nuisible à la société.

L'essaim sort de sa ruche parce que la colonie est trop nombreuse; il sort parce qu'il comprend que le logement est trop étroit, que les provisions seront bientôt épuisées; il sort par désespoir, et il va courir les aventures, au risque de ne pas trouver un asile aussi sûr que le sien; il sort par nécessité; il est excusable, car il y a force majeure!

Mais, l'habitant de nos campagnes, qui déserte le champ de ses ayeux, pour aller chercher la fortune dans les cités où il rencontre le plus souvent la misère et une mort anticipée, n'agit pas avec autant de discernement que l'abeille! que lui manquait-il dans les champs? n'avait-il pas la liberté de ses actions, un air pur, le vivre, le couvert, l'aspect de la plaine ou de la montagne; il n'étouffait pas, lui, dans sa maison comme l'essaim dans sa ruche! il n'avait donc pas de motif pour quitter le toit de ses pères! si cette émigration continue, si les gouvernements ne la préviennent pas en favorisant l'agriculture par tous les moyens qui sont en leur pouvoir, les champs finiront par devenir incultes; et le marché de nos villes sera, un jour, dépourvu de denrées alimentaires !

LE COMTE.

C'est évident. Mais comment empêcher, arrêter cette avalanche de désertion qui menace de nous entraîner tous dans sa marche progressive et rapide ?

MARCELLIN.

Il faut créer des banques agricoles sérieuses, il faut que le cultivateur puisse faire escompter la sueur déposée par lui dans le sillon ! il faut, dans tout chef-lieu, dans tout arrondissement, dans tout canton, l'enseignement pratique de l'agriculture, de la chimie agricole, et de la géologie ! il faut partout l'instruction gratuite, publique et obligatoire ! car un père n'a pas le droit de faire travailler à la terre son enfant, tant qu'il n'en a pas fait un homme, lorsque l'État lui dit « voila une école qui ne coûte « rien ! »

Alors, et peu à peu, la science s'implantera dans nos campagnes ; et les cultivateurs estimés, encouragés, honorés, devenus les égaux des habitants instruits de nos villes, feront usage des nouvelles méthodes agriculturales et des nouveaux instruments aratoires, économisant la force du bras de l'homme ! ils multiplieront les produits de la terre dont la fécondité n'a pas de limites, et ils ne porteront plus envie aux habitants de ces villes, où il n'y a pas cette variété saisissante et délicieuse que présente la nature agreste, dont l'aspect change si gracieusement, à chaque saison, à chaque jour, à chaque heure même!

LE COMTE.

Cela est vrai! et je me souviens d'un fait, à ce sujet; j'avais amené, à Marseille mon paysan pour lui faire visiter la grande cité pendant 3 jours. Mais dès le second jour, le bon cultivateur baillait à la vue de ces belles maisons alignées au cordeau; et il me dit « M. j'en ai asssez... J'étouffe! laissez-« moi retourner desuite à nos oliviers! » il me fit pitié; je le conduisis vite à la gare; il était déjà atteint de nostalgie! oh! celui-là, je vous en réponds, n'émigrera pas; il ne risque pas de devenir membre du conseil municipal de l'antique Phocée!

JEAN.

Comme les denrées ne se vendent guères depuis quelques années, et qu'on s'occupe à trouver des remèdes contre les plaies qui affligent l'agriculture, si j'étion bien convaincu que les abeilles donnent un biau bénéfice, sans nous prendre le temps destiné aux cultures des champs, j'engagerai franchement M. le Comte à nous faire bâtir un grand rucher en pierre. Citez-nous quelque fait concluant à ce sujet!

MARCELLIN.

Je pourrai vous en citer beaucoup; mais un seul vous suffira, outre celui du bon curé qui donna un excellent repas à son évêque avec le produit de ses ruches. En voyageant dans la commune d'Ongles canton de St-Étienne (Basses-Alpes), je m'arrêtai chez M. Laugier, propriétaire, parce que j'avais vu qu'il avait beaucoup de ruches bien tenues; je le félicitai, je l'interrogeai sur le produit de son industrie apiculturale; il m'avoua qu'il avait obtenu jusqu'à 3000 fr. de revenu annuel, presque sans dépense de temps et d'argent..!

Jean, quel est le propriétaire ou le fermier qui obtient un pareil revenu, même d'un assez grand domaine bien cultivé et arrosé de sa sueur pendant une année entière? M. Laugier, lui, n'a qu'à se promener autour de ses travailleuses pour faire la digestion de ses repas! et que serait-il advenu si ce propriétaire avait eu mon rucher, au lieu de vieux troncs d'arbres creux et caisses isolés, exposés à la merci des injures du temps!

JEAN.

Ma foi c'est fameux! S'il en est ainsi, M. le Comte, faites batir un biau rucher! avec les 3000 fr. j'achèterons des engrais pour nos terres et nous doublerons les produits du sol, car 3000 fr. d'engrais font 6000 en denrées!

LE COMTE.

L'idée est bonne! L'abeille fumera nos froments et nos vignes!

Merci, nous voila renseignés à ce sujet et sur tous les points. Je vous ai compris ; je deviens, dès ce moment, un de vos zélés partisans. Mais quoique je ne doute pas de vos assertions, veuillez me désigner quelques-unes des personnes chez lesquelles vous avez établi des ruchers en maçonnerie, j'irai les voir et je comprendrai mieux où il faudra que je dispose la place sur laquelle je dois établir le mien.

MARCELLIN.

Si vous allez à Marseille veuillez vous arrêter à St-Louis et voir le rucher de M. Sardou.

A Aix visitez le rucher de M. Louis Buys, au petit chemin du Tholonet ; à Lambesc au château de Valmousse, chez Mme la Baronne de Castillon ; je manquerai aux sentiments de la reconnaissance si je ne publiai pas que Madame la Baronne est la première personne qui a consenti à faire bâtir un rucher en pierre, ce qui m'a aidé puissamment à développer mon système ; sans sa protection, son extrême bienveillance, peut-être l'idée de mon rucher n'aurait jamais été mise en pratique. Honneur à ceux qui encouragent les arts utiles!

LE COMTE.

Je vous remercie ; je ne serais pas fâché de savoir, à peu près, combien il faudrait dépenser

pour acheter les outils nécessaires aux opérations
et à l'organisation des ruchers de divers genres !
car il est toujours prudent de se rendre compte
d'avance du capital à émettre dans toute opération
grande ou petite.

JEAN.

Bonjour, Messieurs, j'ai resté si longtemps que
ma femme va faire un sabat infernal; mais tant pis;
j'étion accoutumé aux tempêtes de l'intérieur !

MARCELLIN.

Bonjour, Jean, merci pour m'avoir écouté.

Le prix des instruments est fixe et invariable ;
celui des ruches l'est aussi; mais le rucher en
bois peut varier, si on le fait dans la localité, selon
le prix de la main d'œuvre et du bois; il est invariable si je l'expédie moi-même, lorsqu'il n'y a
plus qu'à joindre les pièces, à l'arrivée.

Quant au rucher en pierre, quoique j'en fixe le
prix ci-dessus, j'avoue qu'il peut varier selon la
proximité et le prix de la pierre, du plâtre, des
briques et de la main d'œuvre; mais il ne s'éloignera
guères du chiffre qui va être posé.

En mon âme et conscience je déclare qu'au
moyen de mes prescriptions, faites sans aucune réserve et avec toute l'attention dont je suis capable,
et des planches ci-jointes prises par la photographie
et reproduites sur la pierre lithographique, chacun

pourra se passer de moi, et faire construire à la ville voisine tous les appareils dont je fais usage; toutefois les personnes qui éprouveraient des difficultés à cet égard n'auront qu'à m'écrire, et je leur adresserai le tout, sauf le rucher en pierre, (naturellement) j'ai posé les prix les plus modérés. Mais si on peut acheter à meilleur marché sur place, on sera dispensé de m'écrire.

Je préviens MM. les amateurs de l'apiculture qui désireraient me faire venir chez eux pour la pose des appareils et la démonstration pratique de la taille et de toutes les autres opérations, qu'ils auraient à me payer une indemnité pour déplacement et frais de voyage.

Au moment de nous séparer, lecteurs, comme nous sommes tous mortels, et qu'on pourrait poser sur ma tombe une épitaphe qui ne serait pas de mon goût, j'ai songé à la faire moi-même ; ce sera tant d'économisé pour mes héritiers !

Je ne m'illustrai pas sur les champs de bataille,
Et jamais d'un guerrier je ne perçai le sein !
Mais des ruches j'ai su faire l'heureuse taille ;
Je fis par mes travaux, naître plus d'un essaim,
Et je sauvai la vie à ces pauvres abeilles,
Qu'on étouffait jadis pour recueillir leur fruit !
A ce métier, vingt ans, je consacrai mes veilles !
Certes, de mon vivant, j'aurai moins fait du bruit

Qu'Alexandre ou César, ou Pyrhus, roi d'Èpire
Qui jadis sur la terre ont fait tant de dégât !
Mais je multipliai les sources du nougat
Et je fus le héros du miel et de la cire
Qui dans leurs jours de fête éclaire les mortels,
Et des temples divins fait briller les autels !

Vente de Miel.

Ma position d'apiculteur, producteur, acheteur et épurateur du miel, m'ayant attiré beaucoup de demandes de cette substance, je suis devenu marchand de miel malgré moi. Je préviens donc le public que je livre, au cours commercial, 1° du miel surfin vierge, première qualité, pour dessert de table ; 2 du miel commun pour tous autres usages, le tout contenu dans des pots fermés à bouchons de liége, depuis 1 k. jusqu'à 3, ou dans des barriques ; je garantis ces miels, purs de tout mélange, puisque je les ai de première main et que je ne les livre qu'après complète épuration ; chaque vase portera ma signature.

Nota.—Les personnes qui enverront *(franco)* à l'auteur ou un mandat de 2 f. 50 sur la poste ou cette valeur en timbres-poste, recevront desuite, la brochure *franco*.

PRIX DIVERS

DES APPAREILS ET INSTRUMENTS EN APICULTURE.

Ruche en plein air avec son socle et.
peinte. à l'huile et à la céruse...... F.   7
Ruche non peinte.................. »   6
Ruche vitrée avec clefs, en plein air, pro-
pre à être placée sous le couvercle à
bascule, paillasson non compris, (vu
que chacun peut à la campagne se
procurer de la paille) .... »   6
Rucher en bois pour 20 ruches à 10 fr.
la ruche (celle-ci comprise)........ » 200
Rucher en pierre pour 50 ruches...... » 400
Rucher en pierre à 100 ruches........ » 700
Crochet pour tailler le miel.......... »   2
Miellificateur .... » 25
Presse avec vis en fer pour la fabrication
de la cire..................... » 30
Costume complet, masque, blouse,
etc., petit enfumoir sans soufflet, mais
avec une douille en fer blanc, à
laquelle on peut adapter un soufflet
de cuisine.................... »   3
Grand enfumoir pour les ruchers, à bec
recourbé s'adaptant à la douille de
tôle .... »   7
Tabouret avec son plateau mobile,
servant au transport des ruchers.... »   6
Mangeoire des abeilles en plomb...... »   1 50
Mangeoire en terre............... »   1

TABLE

DES FIGURES.

TABLE
DES MATIÈRES.

DEUXIÈME PARTIE.

ERRATA.

Page 65, ligne 10, au lieu de retrancher une hausse il faut, au contraire, en ajouter une par dessous et pratiquer une fumigation.

Page 63, ligne 17, lisez par dessous au lieu de par dessus.

Aix — Typ. Nicot, sur le Cours, 55. — 1866.

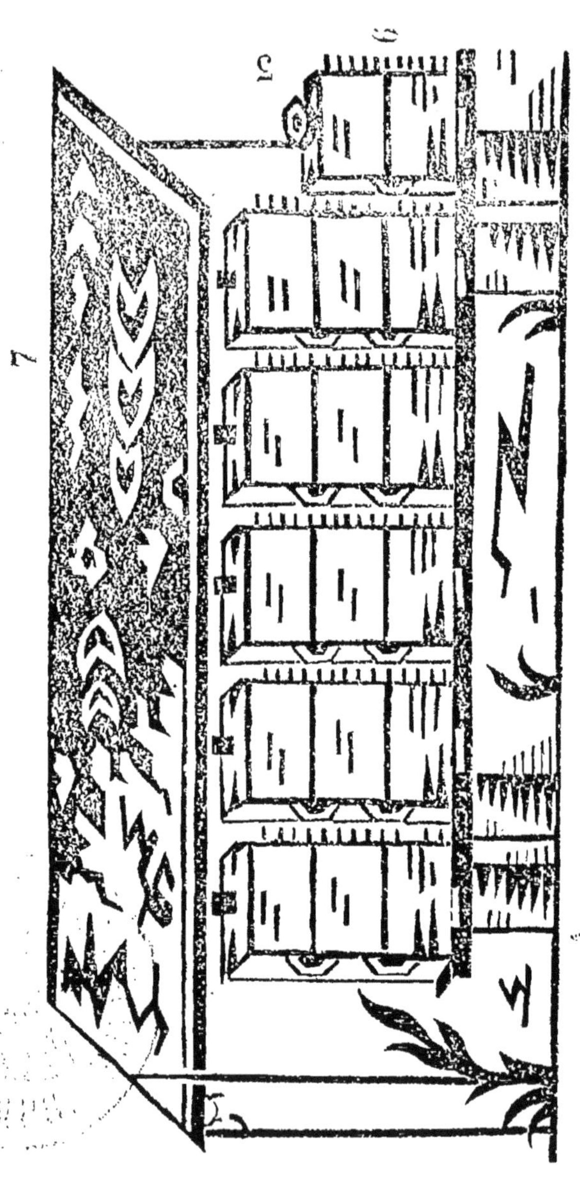
5
6
7

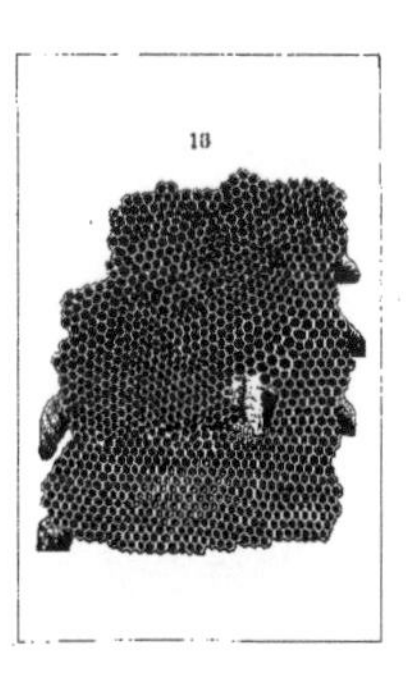
13

8

16
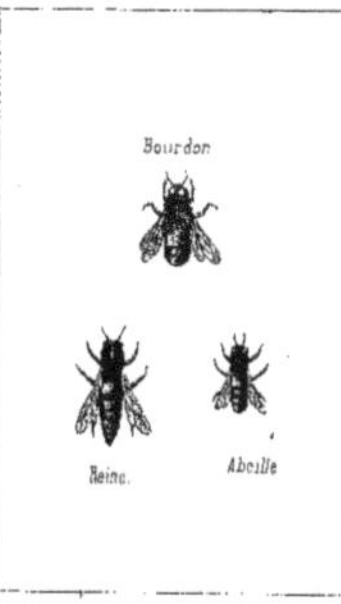
Bourdon
Reine.
Abeille

veille de sa disgrâce, dans son château de Vaux, au superbe Louis XIV. Molière, à ce qu'il paraît, n'était pas alors de l'avis d'Alceste, qui prétend que *le temps ne fait rien à l'affaire.* Cet avertissement est curieux encore en ce qu'il annonce l'intention que le poète avait de faire imprimer des remarques sur ses pièces. Quel malheur que nous ayons été privés de ce cours théâtral, qui aurait mieux valu, à coup sûr, que les préceptes d'Aristote et d'Horace ! Il faut regretter aussi que l'auteur des chefs-d'œuvre de notre scène comique n'ait pas eu le temps de mieux arranger un sujet aussi bien trouvé que celui des *Fâcheux,* et de composer, ainsi qu'il le disait lui-même, *une comédie en cinq actes bien fournis.* Louis XIV, en cette circonstance nous semble le premier fâcheux.

Cette comédie appartient au genre de pièces qu'on appelle à tiroir, c'est-à-dire pièces à scènes détachées qu'un nœud léger a réunies. Il s'agit pour Éraste, tout simplement, de ne pas manquer au rendez-vous que lui a assigné sa maîtresse, et il se trouve assassiné de fâcheux qui le retardent et se cramponnent à lui sans qu'il puisse les éconduire. C'est la même position, il est vrai, depuis le commencement jusqu'à la fin, mais les scènes sont variées par la diversité des caractères, et jamais on n'a su mieux retracer les ennuis de l'importunité : aucun trait n'a été omis par le grand peintre, depuis l'homme qui vous prend au collet pour vous débiter ses hémistiches, jusqu'à celui qui vous arrête dans la rue afin de vous emprunter de l'argent à la suite d'un entretien détourné... Que ne le disais-tu plus vite, malheureux !

La force comique de Molière se fait pleinement jour dans cette pièce ; elle s'y étale largement. La main qui a tracé les scènes du joueur de piquet et du chasseur de cerf, dont Louis XIV avait, dit-on, désigné l'original à Molière, dans la personne de son grand-veneur, le marquis de Soyecourt, cette main-là était initiée à tous les secrets de son art. N'est ce pas une chose admirable, en effet, que de vouloir forcer un amoureux attendant sa maîtresse, à donner son opinion sur les chances du pique ou du carreau? et, lorsque le fâcheux tire des cartes de sa poche pour mieux faire comprendre son explication, peut-on s'empêcher de rire aux éclats? Quel trait que celui du chasseur qui oublie tout-à-coup et le cerf et les chiens, pour donner la description de son cheval alezan, et torture ainsi le cœur de son auditeur, dont l'impatience se croyait au bout du récit! Ce comique prolongé, d'où est sorti le *pauvre homme* du *Tartufe*, est un des procédés les plus ingénieux de Molière, et qu'il avait déjà mis en usage dans les *Précieuses Ridicules*.

Nous ne saurions passer sous silence les magnificences de Vaux, auxquelles se rattache cette comédie des *Fâcheux*. Ce nom de Vaux rappelle la fidélité au malheur en même temps que le génie. Les vers de La Fontaine ainsi que les écrits de Pélisson, reviennent aussitôt à l'esprit. Fouquet, le surintendant, grâce à ses généreux défenseurs, vivra toujours; la poésie, qu'il sut enrichir et flatter, a jeté sur ses infortunes quelques-unes de ces gouttes d'ambre qui parfument et conservent durant des siècles. L'arrestation de Fouquet eut lieu dix-sept jours après la fête célébrée qu'il donna à Vaux. Quel beau moment dans la vie de Louis XIV! c'était l'heure où le cœur lui battait d'un noble amour pour mademoiselle de La Vallière, où il s'assimilait heureusement l'intelligence des grands hommes de son temps. Louis XIV, qui au fond était un prince médiocre, eut du moins un éclair d'esprit et de goût dans sa jeunesse amoureuse; il perdit tout avec La Vallière, maîtresse qui valait mieux que lui.

Vaux a été presque détruit en 1815 : les Bavarois l'ont saccagé ; Vaux, dans sa situation actuelle, offre un singulier emblème aux caprices de l'imagination. S'il faut en croire un de nos plus spirituels écrivains, M. Léon Gozlan, la devise de Fouquet se composait d'un écureuil poursuivant une couleuvre! l'écureuil, c'était lui ; la couleuvre c'était Colbert, son ennemi personnel. La devise de Fouquet était celle-ci : *Quò non ascendam? Où ne monterai-je pas?* On voit passer à présent sur les marches des grands escaliers abandonnés de Vaux, escaliers aussi grands que ceux de Versailles de grosses et larges couleuvres. Colbert a triomphé. On retrouve l'allée de sapins dont parle La Fontaine dans la lettre écrite à M. de Maucroix sur la fête de Vaux, lettre dans laquelle il dit que Molière *est son homme* ; mais il n'y a pas un écureuil dans les branches, et les nymphes, que le poète assure avoir vues pleurantes, et qui redemandaient avec tant d'instance qu'on leur rendît Oronte, ont disparu comme les écureuils. Pourquoi tout cela? pourquoi Fouquet fut-il emprisonné? On prétend qu'il avait osé lever les yeux vers l'astre nouveau qui commençait à briller à la cour, vers la jeune La Vallière, cette tendre fille d'honneur. Il avait pris au sérieux le vers de Boileau :

Jamais surintendant ne trouva de cruelles ;

mais Boileau n'avait pas prévu le cas où les surintendans seraient les rivaux des rois.

Pour en revenir à la comédie dont il est question, Molière s'est inspiré des peines racontées par le poète latin Horace, en se voyant arrêté et suivi par un fâcheux dans la voie sacrée, alors qu'il s'en allait, comme il le dit dans sa neuvième satire :

Nescio quid meditans nugarum, totus in illis.

Mais Molière n'a pris que l'idée d'Horace : tous les portraits sont de lui, Molière.

L'Ecole des Femmes et l'*Ecole des Maris* ressemblent à deux fruits nés sur une tige commune ; ces deux comédies appartiennent à la même pensée. Le moraliste a voulu montrer que non-seulement c'était un mauvais expédient d'enfermer une femme d'esprit pour garder son cœur, mais que ce système de conservation ne demeurait pas sans danger vis-à-vis d'une ingénue : les verroux enfin se trouvent tirés par l'amour, ce grand maître qui déjoue les projets des jaloux,

Et donne de l'esprit à la plus innocente.

Autant Molière s'était moqué des *Précieuses*, qu'il criblera de nouveaux traits dans *Femmes Savantes*, autant il se raille de la sottise comme d'un grand mal ; il est loin de condamner les femme à l'ignorance absolue. C'est une juste mesure qu'il demande ; c'est une instruction convenable qui sache discerner le bien du mal. Il veut, et plus tard nous insisterons encore là-dessus, des femmes auxquelles la raison, éclairée par l'expérience et vivifiée par le sentiment, ait enseigné leurs véritables devoirs. Il ne craint pas, pour atteindre son but, de hasarder quelques mots un peu vifs pour l'oreille. N'a-t-il pas pour lui l'approbation de Boileau, qui lui écrit à propos même de l'*Ecole des Femmes :*

Que sa plus burlesque parole
Vaut souvent un docte sermon !

Molière, dans son *Don Garcie de Navarre*, avait déjà tracé une peinture de la jalousie, mais de la jalousie sérieuse dont les emportemens, malgré la cause insuffisante qui les fait naître, n'ont rien de comique ; il ne tarda pas à comprendre le côté ridicule de cette aveugle frénésie ; jaloux lui-même, il eut toujours quelque sympathie pour ce désordre de l'esprit, et, dans le rôle d'Arnolphe, pesonnage qui ne devait exciter que le rire, il trouva presque moyen d'attendrir. Nous trouverons, plus tard, Molière identifié avec les douleurs du Misanthrope. La pitié vous prend en vérité, à voir ce malheureux Arnolphe atteint au cœur d'un véritable amour, et se jetant aux pieds d'Agnès en homme désespéré. Il y a dans ce caractère quelques traits de profonde tendresse qui font oublier la singularité plaisante du personnage. Arnolphe, Agnès et le jeune Horace sont d'une vérité saisissante. Arnolphe, cette terreur des maris trompés, qui ne cesse de recueillir toutes les galantes aventures de son temps, comme s'il voulait en faire un ouvrage à la façon de Boccace, est une excellente figure de bourgeois moqueur qui croit avoir la sagesse en partage, et, parce qu'il a pignon sur rue et maison aux champs, s'imagine qu'une fille sans biens sera trop heureuse de l'avoir pour époux. Agnès, dans son ignorance des choses du monde, est pleine de naïveté : mais pour sotte, elle ne l'est pas. L'esprit lui vient avec l'amour. Sitôt que le regard du jeune Horace a animé cette charmante statue, elle marche, elle court ; deux ou trois leçons du galant en font une femme aussi espiègle, aussi rusée qu'une autre. Agnès ressemble à cette fleur exotique qui se développe en un moment, et qu'un jardinier mal avisé a mise sous cloche ; un beau jour, la fleur fait éclater la prison de verre sous les yeux de son gardien. Horace est un type charmant de jeunesse et de passion. Léger et ouvert, il dit à toute la nature qu'il est amoureux.

L'allégresse du cœur s'augmente à la répandre.

Il s'en va confier à son propre rival ses plus secrets desseins ; et le piquant de l'affaire, c'est qu'il lui emprunte des pistoles pour mener à bien son entreprise. Molière n'oublie jamais ces traits-là. Horace est un fils de famille, honnête et bien élevé, mais qui pense que l'on doit se contenter un peu dans la vie, et qu'épouser une belle personne est ce qu'on peut faire de mieux : il n'a pas tort.

Molière a encore imité plusieurs ouvrages pour composer

cette comédie. Il a mis à contribution un conteur italien du XVI° siècle, Strapparole, ainsi que La Fontaine, son imitateur. Le conte du *Maître en Droit* a fourni le sujet de la comédie de l'*Ecole des Femmes*. Le docteur pousse à des intrigues amoureuses un de ses écoliers, et l'écolier commence par séduire la femme de son professeur, malgré toutes les précautions que celui-ci prend pour sauver son honneur. Molière a eu recours pareillement à une nouvelle de Scarron ; il possédait l'art suprême de fondre ensemble ses emprunts. La comédie de l'*Ecole des Femmes* fut jouée pour la première fois le 26 décembre 1662 ; elle obtint un si grand succès qu'elle fit éclore beaucoup d'ennemis à Molière. Ses rivaux se montrèrent à visage découvert, et cherchèrent à l'arrêter dans sa marche triomphante. Nous avons déjà vu un certain Antoine Baudeau faire le métier d'insulteur. Deux poëtes, confrères de Molière, Boursault et Monfleury fils, se levèrent à leur tour, chargés en quelque sorte de défendre tous les intérêts opposés.

Molière, qui n'était pas fâché de voir s'engager une lutte de laquelle il était certain de sortir vainqueur, prit occasion de cette levée de boucliers contre l'*Ecole des Femmes*, pour mettre en scène ses adversaires et les traduire au tribunal du public. La *Critique de l'Ecole des Femmes*, manifeste qu'il lança aussitôt contre eux, est un petit chef-d'œuvre de malice. L'auteur nous apprend lui-même que sa comédie de l'*Ecole des Femmes* faisait l'entretien de toutes les maisons de Paris et que chacun voulait dire son mot sur cette pièce. Il s'empressa de réunir dans un même cadre et précieuses et marquises ridicules, et jaloux auteurs ; et il fit combattre leurs sots discours par la raison d'un honnête homme, et par l'esprit de deux femmes sages et bien disantes. C'est là que l'auteur se justifie pleinement du reproche d'obcénité qui lui était adressé, parce qu'il appelle les choses par leur nom et qu'il s'est servi de quelques équivoques comiques, bien autrement grossières chez ses prédécesseurs. Molière se moque impitoyablement de ces prudes, « plus chastes des oreilles que de tout le reste du corps » (ce sont ses expressions), qui jettent les hauts cris au moindre mot scabreux, ce qui prouve chez elle une intelligence dépravée, au lieu de donner une haute opinion de leur pudeur. Il démontre que les femmes, épouses et mères, ou destinées à l'être, ne doivent pas s'offenser de plaisanteries naturelles sur les choses de la vie ; le monde, après tout, n'est ni un cloître ni un couvent. Molière n'écrit pas pour les niais tels qu'Arnolphe, qui préconisent l'ignorance comme système d'éducation, mais pour les gens sensés, dont son Dorante de la *Critique de l'Ecole des Femmes* est le plus parfait modèle. Jamais apologie plus victorieuse n'a eu lieu.

Cependant Molière ne s'en tint pas là. Cette bataille à peine gagnée; il en voulut une autre afin d'écraser ses ennemis, qui continuaient à faire du bruit. Ils se livraient même à des attaques d'un autre genre. Un certain duc de La Feuillade, un de ces sots de cour qui prétendaient se reconnaître dans les portraits satiriques de Molière, s'imagina être l'original du marquis de la *Critique de l'Ecole des Femmes,* de ce fameux marquis dont la sagacité ne trouve d'autre argument que *tarte à la crème,* pour prouver que la pièce est détestable. Plein de rancune, le duc de La Feuillade rencontre Molière quelque temps après la représentation dn spirituel panégyrique composé par l'auteur. Il l'aborde avec les démonstrations d'un homme désireux de l'embrasser, selon l'usage des grands seigneurs d'alors, mais à la place d'une accolade, il serre violemment la tête du poëte entre ses deux mains, et ce furieux la frotte contre les boutons de son habit, en répétant d'un ton de colère : *Tarte à la crème, Molière, tarte à la crème!* Le comédien, ne pouvant se venger avec l'épée, alla se plaindre av roi, qui lui donna la permission d'immoler cette fois ses adversaires avec toute la liberté d'Aristophane. Molière fit jouer aussitôt *l'Impromptu de Versailles*. Acteurs de l'hôtel de Bourgogne, auteurs envieux, courtisans insipides, il n'oublie personne; il profite largement de l'autorisation du roi. Ce n'était pas un homme à laisser échapper de si bonnes occasions.

L'impromptu de Versailles est une des petites pièces les plus curieuses de Molière, en ce qu'elle nous bien connaître et ses rivaux et la troupe qu'il dirigeait; elle nous montre l'auteur dans les coulisses de son théâtre. Molière est chez lui avec ses acteurs, il les appelle par leurs noms; il explique à chacun son rôle; il critique avec finesse les défauts de celui-ci, la façon de jouer de celui-là; tout en donnant des conseils, il n'épargne pas de malicieuses remontrances qui trahissent son génie comique; cependant il est là comme un père au milieu de ses enfans. On reconnaît la meilleure et la plus honnête nature du monde dans le peintre hardi des ridicules de son époque. S'il accable ses ennemis, ne l'ont-ils pas bien mérité? C'est la loi de la guerre; il ne fait que se défendre contre eux. On lui a reproché d'avoir nommé Boursault; mais Boursault venait de livrer à la publicité une méchante diatribe intitulée le *Portrait du peintre*. Pourquoi Molière se serait-il abstenu de le nommer? D'où viendrait que l'auteur dramatique n'eût pas le droit de stigmatiser publiquement ceux qui lui sont hostiles, tandis que ces messieurs auraient le privilége de l'injurier sans réserve dans leurs écrits? La personnalité est toujours une déplorable chose, mais n'est-il pas juste qu'on y réponde par la personnalité? Les gens qui la trouve mauvaise ne doivent pas se la permettre : d'ailleurs Boursault avait osé donner à un théâtre rival son *Portrait du peintre*. En contrefaisant les comédiens de l'Hôtel de Bourgogne, Molière s'était attiré des haines qu'augmentait encore la réussite de ses ouvrages; ces comédiens avaient donc engagé Boursault à écrire contre un concurrent si redoutable; Boursault promit de dauber ce *Singe*, car tel était le sobriquet dont on affublait alors Molière. Il s'agissait de faire une comédie qui rabattît la fortune et l'orgueil de Molière. Boursault s'est mis lui-même en scène à ce propos :

DORANTE.

..... Et qui donc la fera comme il faut ?

AMARANTE.

Un ami que je sais, qu'on appelle Boursault.

LE COMTE.

Je le connais : pécore !

DAMIS.

Il est cher à la muse.

LE COMTE.

Il s'amuse à la muse, et la muse l'amuse.

AMARANTE.

Mais les vers de Boursault sont assez bien choisis.

LE COMTE.

Je le soutiens, Madame, un butor parisis,
Une grosse pécore, une pure mazette !

C'est Boursault qui s'est nommé : il n'y a pas d'autre titre à lui donner effectivement quand on a lu sa prétendue *Critique de l'Ecole des Femmes*. Voulez-vous juger de la subtilité de ses remarques ? voici un de ses traits les plus piquants :

Rien de plus innocent se peut-il voir,
Arnolphe vient des champs, et désire savoir
Si, depuis son absence, Agnès s'est bien portée.
« Hors les puces, la nuit, qui m'ont inquiétée, »
Répond Agnès. Voyez quelle adresse à l'auteur,
Comme il sait finement réveiller l'auditeur !
De peur que son sommeil ne s'en rendît maître,
Jamais plus à propos vit-on puces paraître ?

> D'aucun trait plus galant se peut-on souvenir,
> Et ne dormait-on pas s'il n'en eût fait venir ?

Tout le reste est dans le même goût. N'admirez-vous pas cette finesse d'esprit? Que ces puces sont bien amenées! Nos vaudevillistes modernes sont dépassés. Heureusement pour Boursault, il s'amenda plus tard. Le *Mercure Galant* et les *Fables d'Ésope*, qui ne sont pas des productions méprisables, font presque oublier les rudes atteintes que Molière lui a portées dans l'*Impromptu de Versailles*. « Le beau sujet à divertir la cour que M. Boursault! s'écrie le grand poëte irrité. Je voudrais bien savoir de quelle façon on pourrait l'ajuster pour le rendre plaisant, et si, quand on le bernerait sur un théâtre, il serait assez heureux pour faire rire le monde. Ce lui serait trop d'honneur que d'être joué devant une auguste assemblée. Il ne demanderait pas mieux, et il m'attaque de gaieté de cœur pour se faire connaître, de quelque façon que ce soit. C'est un homme qui n'a rien à perdre; et les comédiens ne me l'ont déchaîné que pour m'engager à une sotte guerre, et me détourner par cet artifice des autres ouvrages que j'ai à faire; et cependant vous êtes assez simples pour donner dans ce panneau. » Ces quelques lignes valent mieux que la comédie tout entière du *Portrait du Peintre.*

Une anecdote prouve que Boursault avait au fond quelque noblesse dans l'âme. Bafoué dans les satires de Boileau, il en éprouva un vif chagrin, et pourtant, quelques années plus tard, ayant appris que son cruel censeur, demeuré aux eaux de *Bourbon* plus de temps qu'il ne comptait le faire, se trouvait dans un grand besoin d'argent, il s'empressa de l'aller trouver et de lui offrir deux cents louis. Boileau fut si touché de ce procédé, que, dans les éditions suivantes de ses satires, il effaça le nom de Boursault; mais comme il lui fallait une rime en *ault*, il substitua le nom de Perrault. Pauvre Perrault! pourquoi diable son nom avait-il cette terminaison fâcheuse! Voilà la justice distributive des poëtes satiriques!!

Un autre auteur s'était aventuré à attaquer Molière, Montfleury fils, qui espérait venger son père, le célèbre acteur, des railleries de son confrère. Molière, en effet, ne cessait de railler les acteurs de l'Hôtel de Bourgogne; il faisait rire le public à leurs dépens. Un écrivain d'alors assure, et cela est aisé à croire, que Molière était comédien *des pieds jusqu'à la tête*. Il se tenait toujours dans une juste expression, tandis que ses rivaux criaient et gesticulaient à peu près comme on le fait encore sur nos théâtres de boulevard. Molière s'égaie du ton emphatique et des rodomontades de ses rivaux. Montfleury, par exemple, chargé des grands rôles, semblait avoir le diable au corps; il se démenait si fort qu'il se rompit dit-on, une veine, en s'abandonnant avec trop de rage aux fureurs d'Oreste; telle fut, à ce que l'on prétend, la cause de sa mort; ce qui fit dire à l'auteur du *Parnasse réformé*, que Montfleury était mort *d'Andromaque*. On peut mourir de moins belle maladie assurément.

Molière, après avoir versé à pleines mains le ridicule sur ses antagonistes, arrive à une réponse plus sérieuse. On en était venu jusqu'à toucher à son caractère. L'esprit s'efface alors pour faire place au cœur. La réplique de Molière est un véritable modèle pour tout homme que sa position expose, sans qu'il puisse se soustraire, aux quolibets des sots, mais qui ne laisse pas effleurer impunément son honneur. Dans cette noble fierté, on reconnaît l'auteur du *Misanthrope*. Voici ces lignes frappées au coin de la dignité et du bon sens: « Je leur abandonne de bon cœur mes ouvrages, ma figure, mes gestes, mes paroles, mon ton de voix et ma façon de réciter pour en faire et dire tout ce qui leur plaira, s'ils en peuvent tirer quelque avantage. Je ne m'oppose pas à toutes ces choses, et je serai ravi que cela pui réjouir le monde ; mais en leur abandonnant tout cela, ils me doivent faire la grâce de ne point toucher à des matières de la nature de celles sur lesquelles on m'a dit qu'ils m'attaquient dans leurs comédies ; c'est de quoi je prierai civilement cet honnête Monsieur qui se mêle d'écrire pour eux ; et voilà toute la réponse qu'ils auront de moi. »

Molière plaisantait en assurant que c'était toute la réponse qu'ils auraient de lui, car la *Critique de l'Ecole des Femmes* et *l'Impromptu de Versailles* formaient deux réponses admirables, deux plaidoiries contre lesquelles il leur était impossible de lutter. Cependant ils essayèrent encore de répliquer. Ce fut Montfleury fils qui se chargea, comme nous l'avons dit, de la vengeance commune. A l'imitation de *l'Impromptu de Versailles*, il composa *l'Impromptu de l'Hôtel de Condé*. C'est une plate rapsodie. Nous avons entre les mains cette prétendue pièce, dont la scène se passe au Palais, lieu où se vendaient les comédies et les livres, comme une satire de Boileau nous l'apprend. Un marquis vient pour acheter les pièces de Molière, qu'il appelle un auteur *burlesque* ; il rencontre une marquise, cette dame a un procès. On cause du théâtre ; on loue quelques comédies de l'hôtel de Bourgogne ; on critique *l'Ecole des Femmes*, et surtout le jeu de Molière. Voici le portrait qu'en trace Alcidor, l'un des personnages :

> ..... Il vient, le nez au vent,
> Les pieds en parenthèse et le corps en avant ;
> Sa perruque, qui suit le côté qu'il avance,
> Plus pleine de lauriers qu'un jambon de Mayence ;
> Les mains sur les côtés, d'un air peu négligé,
> La tête sur le dos comme un mulet chargé,
> Les yeux tout égarés, puis, débitant ses rôles,
> D'un hoquet éternel séparant ses paroles....

Ce ne sont que turlupinades de cette espèce. Nous y trouvons seulement quatre vers de bonne comédie, sur l'imitation exacte que Molière faisait du jeu des acteurs de l'Hôtel de Bourgogne. Ce qui sert à prouver son talent de mime.

> S'il contrefait si bien leur ton et leurs détours,
> Il devrait, par ma foi, les imiter toujours;
> Ce serait, pour Molière, une assez bonne affaire,
> S'il quittait son récit pour les bien contrefaire.

Ceci est de meilleur goût. Montfleury fils ne crut pas avoir assez fait : il ne se contenta pas de chercher à entamer Molière dans son amour-propre d'acteur et d'auteur, il essaya encore de le blesser dans ses susceptibilités de mari. C'était une guerre à mort. Montfleury eut même la lâcheté d'accuser, auprès du roi, Molière de s'être marié avec sa propre fille; cette odieuse insinuation ne fut pas écoutée; elle était fausse, d'ailleurs; Molière n'avait eu de relation avec la mère de Madeleine Béjart qu'après la naissance de celle-ci. Montfleury ne se tint pas encore pour battu; il dirigea ses batteries sur un côté plus à découvert : dans la préface d'une de ses pièces, intitulée *l'Ecole des Jaloux*, et dédiée avec impudeur à cette classe de maris qui ont le droit d'être jaloux, Montfleury, par un trait détourné, cherche encore à atteindre l'honneur de Molière. La dédicace de cette comédie est vraiment d'une rare effronterie : « Messieurs, dit-il en débutant, il s'est trouvé des auteurs qui ont dédié des pièces à quelques-uns de vous en particulier, mais je n'en sais pas qui vous en aient dédié en général; c'est pourquoi je vous dédie celle-ci. Peut-être cette entreprise vous surprendra chez un homme qui n'est point de votre corps, et que quelqu'un de vous dira que je devrais laisser ce soin aux *auteurs qui en sont*, etc.» Ceci s'adressait à la jalousie de Molière, jalousie qui n'était que trop fondée, ainsi que beaucoup de gens pouvaient l'attester. Montfleury fils ajoute que si chacun des membres de l'honorable confrérie à laquelle il dédie sa pièce en achète un exemplaire, il est sûr de sa fortune et de celle de son libraire; peut-on pousser l'impertinence plus loin.

Montfleury pensait moins juste lorsqu'il prétendait que tout l'agrément des vers de Molière provenait de la manière dont l'auteur les récitait; ces vers, selon lui, perdaient de leur charme à la lecture; il s'écriait :

> On est désabusé de sa façon d'écrire.

Non, monsieur Montfleury fils, non, on n'en est pas désabusé; on ne s'en désabusera même pas.

Montfleury fils a été plus heureux dans la comédie de *la Femme Juge et Partie*, qu'il a laissée au répertoire du Théâtre-Français, car on la joue encore toute licencieuse qu'elle est. Cette pièce est écrite et composée avec esprit; on y rencontre beaucoup de vers naturels. C'est le style des Plaideurs, moins une correction soutenue; le trait suivant nous a paru digne de *Petit Jean*. Bernadille, le héros de la pièce, causant avec Gusman, son serviteur, fait de lui-même un portrait tellement flatté, qu'il s'attire une piquante réponse :

> BERNADILLE.
> Pour mon visage, il a, sans paraître farouche,
> Quelque chose de grand.
>
> GUSMAN.
> Oui, monsieur, c'est la bouche.

Voilà de la bonne comédie. Montfleury, né sur les planches et auteur de comédies, a prêché dans cette pièce pour son dieu. Il a fait du théâtre un tableau auquel il y a bien quelque chose à reprendre. Julie dit en parlant des spectacles :

> ...... Ces lieux ont été de tout temps
> Le centre du beau monde et des honnêtes gens;
> La scène a des appas que tout le monde approuve,
> Et c'est un rendez-vous où la vertu se trouve;

> On y traite l'amour, mais c'est d'une façon
> Moins propre à divertir qu'à servir de leçon,
> Et ce dieu, qui n'y plaît que par son innocence,
> N'y règle ses transports que sur la bienséance.

Montfleury montre là le théâtre comme il devrait être, et non comme tel qu'il est toujours. En peintre amoureux de son modèle, il en a caché les défauts.

Montfleury, dans sa propre pièce de *la Femme Juge et Partie*, fournit la preuve que la bienséance est quelquefois violée par la comédie ; mais tous les bons esprits accordent à la comédie certaines licences qui sont légitimées par sa vieille devise : *Castigat ridendo mores.* « C'est une rude entreprise que de faire rire les honnêtes gens, » comme le dit Molière dans *la Critique de l'Ecole des Femmes*, et l'on doit pardonner beaucoup à la gaîté, qui n'est jamais corruptrice. Il y a plus de péril pour les jeunes imaginations dans un drame romanesque et sentimental, que dans des grossièretés mêmes dont quelques oreilles délicates se trouvent blessées; un père de famille raisonnable ne craindra jamais de mettre les œuvres de Molière dans les mains de ses enfants.

Le *mariage forcé* était primitivement une comédie-ballet ; le roi y dansa. Cette pièce en trois actes, réduite à un seul n'a plus assez d'ampleur ; l'intrigue nous paraît d'une trop grande simplicité ; mais le dialogue est vif et spirituel. Le cousin Aristote y trouve son lot, et la philosophie pyrrhonienne est maltraitée par Molière d'une façon très-comique. L'ancien disciple de Gassendi en remontre aux pédants et aux prétendus philosophes. Son Sganarelle, qui demande des avis, et qui se fâche lorsqu'on ne se trouve pas du sien, est un personnage très-amusant et très-vrai; tels sont les demandeurs de conseils en général. On se plaît aussi à le voir, ce futur Georges Dandin, épouser une coquette achevée, malgré les tristes augures qui l'ont désenchanté du mariage; n'est-il pas puni comme un sot qui, âgé de cinquante-deux

ans, a fait une demande imprudente, et, comme un poltron
qui préfère tomber dans le gouffre des infortunes conjugales
plutôt que de s'exposer à recevoir un coup d'épée? il aime
mieux risquer son honneur que sa vie. Molière s'est, cette
fois, inspiré de Rabelais, dont il faisait ses délices, et auquel
il a emprunté trop souvent la crudité de son vieux langage.
Molière a copié, pour ainsi dire, la scène où Panurge interroge, après beaucoup d'autres, le pyrrhonien Trouillogan sur
la question du mariage. Cette pièce fut représentée pour la
première fois, au Louvre, le 29 janvier 1664.

La *Princesse d'Elide* est encore une comédie-ballet commandée par Louis XIV ; Molière eut si peu de temps pour
l'exécuter, que le premier acte de cette pièce est en vers, tandis que les autres sont en prose ; ce qui la fait ressembler un
peu aux comédies de Shakspeare, avec lesquelles, du reste,
elle a plus d'un rapport. Empruntée à l'espagnol, elle a gardé
une allure de pastorale et de fantaisie qu'on ne retrouve pas
dans les autres comédies de Molière ; nous l'estimons supérieure, et de beaucoup, à *Don Garcie de Navarre*. Un auteur
satirique du temps, Marigny, en parlant de cette pièce dans
une relation des fêtes de la cour, s'exprime ainsi sur son mélange de prose et de vers : « Il semblait que la comédie n'a-
vait eu le temps que de prendre un de ses brodequins, et
qu'elle était venue donner des marques de son obéissance, un
pied chaussé et l'autre nu. » Cette remarque est fort spirituelle; Louis XIV était alors dans toute la force de sa passion
pour La Vallière; ce fut pour elle qu'il commença à agrandir
Versailles. Il fuyait la cour de Saint-Germain, afin de se trouver avec elle dans cette solitude. Louis XIV n'avait pas encore osé proclamer ses amours et secouer toute espèce de
joug; il cacha quelque temps sa liaison avec la fille d'honneur
d'Henriette, femme de son frère, d'autant plus soigneusement
qu'il redoutait la jalousie de sa belle-sœur; car le jeune roi,
après s'être joué de l'honneur de son ministre Mazarin, n'é-

pargna guère celui de Monsieur. Molière eut le tort, comme tous les poètes d'alors, de flatter ce penchant de Louis XIV pour la galanterie. Il fait dire au gouverneur du prince Euryale :

> Qu'il est bien malaisé que, sans être amoureux,
> Un jeune prince soit et grand et généreux.
> ....
> Oui, cette passion, de toutes la plus belle,
> Traîne dans un esprit cent vertus après elle...
> ....

C'était ainsi que Molière reconnaissait la protection que le roi lui accordait contre ses ennemis.

La Vallière, que nous avons déjà citée, était faite pour donner une excuse à ces flatteries. Parmi les nombreuses maîtresses de Louis XIV, La Vallière, en vérité, est la seule à laquelle on prenne intérêt, parceque l'amour purifia ses faiblesses. Un tableau que l'on voit dans la galerie actuelle du château de Versailles la représente transformée en Diane, un carquois sur l'épaule et tenant une levrette en laisse ; c'est de cette façon que Molière dépeint la princesse d'Élide :

> Et qu'un arc à la main, sur l'épaule un carquois,
> Comme une autre Diane elle hante les bois.

Ce tableau, dont nous venons de parler, est un souvenir de ce temps où la gracieuse chasseresse embellissait aux yeux du roi les bois de Satory, de Ville-d'Avray et de Versailles, comme une divinité cachée. A cette époque eurent lieu en son honneur les fêtes superbes empruntées à la riante imagination de l'Arioste, et dans lesquelles le roi apparut sous les traits de Roger, avec une armure couverte de diamants.

Mais bientôt l'imagination elle-même cesse de s'intéresser à Versailles, lorsque le règne de La Vallière est fini, et que le capuchon de la carmélite a voilé les cheveux flottans de la grande dame; lorsque le cilice de la *sœur de la Miséricorde* a emprisonné cette taille sans défaut, qui avait fait dire à La Fontaine :

Et la grâce, plus belle encor que la beauté.

Quand la tendre femme a appris quelle est la valeur des serments des rois et s'est condamnée à une dure expiation, Versailles, privé de sa fée, apparaît livré aux désordres du luxe, de la coquetterie et de l'ambition. L'insatiable Montespan, cette Cléopâtre an petit pied, qui aurait volontiers fait dissoudre dans la coupe de ses orgies tous les diamants de la couronne ; la frivole Fontanges, qui, avec un simple ruban tombé dans une chasse, et rattaché négligemment sur le front, créait une mode qu'on suit encore ; l'hypocrite Maintenon, dont l'ame avide de pouvoir soutenait ses intérêts par le secours de la religion et laissait persécuter les protestants: toutes ces femmes, les premiéres en titre, n'ont plus de charme ; elles jettent sur le château de Versailles un éclat vif et brillant, éblouissant, il est vrai, mais qui ne vaut pas cette timide lumière que La Vallière y répandit comme une douce étoile, l'étoile de Louis XIV.

On pouvait donc, sans être trop courtisan, flatter les amours du roi, lorsque Molière écrivit, pour les fêtes de Versailles, la *Princesse d'Elide;* en tirant sa pièce de Moreto, il ne crut pas devoir oublier le *gracioso,* personnage bouffon qui égaie presque toutes les vieilles pièces espagnoles, mais il modifia de beaucoup l'importance de ce singulier confident ; il ne fit pas usage de toutes les plaisanteries de son modèle, plaisanteries dont quelques-unes ne manquent pas d'originalité. Aussi, dans la pièce espagnole, Pollila, le gracioso accoutumé, veut qu'on enferme la belle Diana, cette inhumaine créature, dans une tour où elle sera laissée quatre jours sans qu'on lui donne à manger. Les prétendants passeront devant elle; celui-ci avec six poulets rôtis et deux pains, celui-là avec un gigot; la princesse, qui les fuit, ne manquera pas de courir après eux. A quoi tiennent les passions? Le père de Diana, tout attristé qu'il est de voir sa fille rebelle à l'amour, n'admet pas ce moyen que Molière a négligé. La comédie de la *Princesse d'Elide* est l'aïeule de celles de Marivaux. Toutes ses héroïnes, dont le cœur insensible se prend en un jour, et va jusqu'à l'extrême de la passion, sont sorties de là. Marivaux a même essayé, dans l'*Heureux Stratagème*, de donner une imitation de la *Princesse d'Elide*; mais il n'y a pas réussi avec autant de bonheur que dans ses autres ouvrages.

Voici encore une pièce prise de l'espagnol, et que Molière n'eut pas le temps de mettre en vers. C'est le fameux sujet du convié de Pierre, *il Combidado de Piedra*, que tous les théâtres de l'époque s'empressèrent de traiter en même temps. La comédie italienne avait suivi d'assez près la comédie espagnole; on y voit don Juan, comme dans l'opéra de ce nom, se battre avec le vieux commandeur, et le tuer, après avoir cherché à séduire sa fille. Don Juan et son valet s'embarquent ensuite pour fuir la vengeance du roi, et, assaillis par une tempête, sont jetés sur une côte voisine; don Juan est secouru par une jeune paysanne, qui deviendra plus tard, sous la plume de Byron, la poétique Haïdée. Don Juan continue le cours de ses séductions, jusqu'à l'heure où, se rendant à l'invitation du commandeur, il entre dans le caveau funèbre où il est englouti. Don Juan, dans la pièce espagnole, demande un confesseur au moment où il sent s'appesantir sur lui la colère du ciel, qu'il a offensé. Molière a transformé don Juan en hypocrite et en athée, qui meurt dans son endurcissement. Cette pièce, représentée le 15 janvier 1665, n'eut un succès que de quinze représentations. Cependant Molière, dans le *Festin de Pierre*, s'est élevé à une hauteur où il n'était pas encore parvenu, et qui fait pressentir *Tartufe*, comédie que, du reste, il venait d'achever, mais dont les faux dévots s'étaient mis en devoir d'empêcher la représentation.

Don Juan, c'est Satan fait homme, mais Satan, l'ange superbe dépeint par Milton, lorsque, dans toute la splendeur de sa beauté foudroyée, il organise sa révolte éternelle contre Dieu. Il y a le même orgueil, chez don Juan, la même audace, et cela fait presque excuser ses roueries et ses impiétés; il y joint un air de folie suprême. Cette magnifique *désinvolture*, si nous pouvons nous exprimer ainsi, séduit les spectateurs. Pour que don Juan en vienne à inviter à souper la statue du commandeur, ne faut-il pas qu'il soit entraîné par une ivresse exubérante, par toute la verve d'une jeunesse effrénée? Le cerveau de don Juan est comme celui d'un homme qui a largement usé d'un vin capiteux, mais pas assez pour ne pouvoir se contenir devant les gens respectables : voyez-le devant son père, ce vieillard cornélien. Dès qu'il est seul avec son valet, don Juan s'abandonne en liberté à toutes ses débauches de cœur et d'esprit. Don Juan est brave, mais je ne suis pas dupe de son courage : n'est-il pas entouré de gens qui mettent à tout propos l'épée à la main? Il faut bien qu'il fasse comme les autres. Il sait d'ailleurs que le meilleur moyen de conquérir l'amour des femmes est de déployer cette valeur que leur faiblesse admire. Don Juan oublierait-il ce genre de séduction? Je ne suis pas dupe davantage de sa générosité; s'il donne un louis d'or à un pauvre, c'est après de lâches épreuves et par ostentation. Nul esprit n'est plus pervers que le sien. Il a érigé l'égoïsme en système; il ne reconnaît que la volupté ! Voyez-le quand dona Elvire, vêtue de deuil, s'en vient, par un dernier effort de tendresse, le prier de changer de vie, de peur d'attirer la foudre sur lui. Don Juan accueille la dame avec bonté : il l'engage à rester après l'avoir délaissée quelques heures auparavant. Pourquoi donc ce changement? l'âme de don Juan s'est-elle attendrie? Non pas, mais les blanches épaules de dona Elvire, encadrées dans un noir costume, ont pour lui des charmes nouveaux : il veut ressaisir ses droits d'amant; il sent se rallumer en lui un désir qu'il croyait éteint. Don Juan est un type si séduisant, que depuis Molière il a inspiré les romanciers, les musiciens et les poëtes : Richardson en a fait Lovelace; Mozart l'a embelli des grâces de sa musique; Byron l'a rajeuni dans un poëme immortel.

Dans la pièce italienne, le valet de don Juan se nommait Arlequin, selon l'usage, et il se permettait certaines arlequinades qui ne devaient pas être du goût de tous les spectateurs. Pour consoler la fille d'un pêcheur, trompée par son maître, il lui montrait la fameuse liste de toutes celles qui s'étaient trouvées dans le même cas. Cette liste consistait en une longue bande de papier qu'Arlequin jetait ensuite vers le parterre, en la retenant par un bout; puis il disait : « Voyez, messieurs, voyez si vous ne trouvez pas le nom de vos femmes ou de vos maîtresses. » Le public, qui était de fort bonne composition, applaudissait cette sortie. Molière a fait d'Arlequin, qu'il appele Sganarelle, nom qui lui était favori, un valet dans le goût de celui de Cliton du *Menteur* ; et Thomas Corneille, lorsqu'il s'est avisé de mettre *Don Juan* en vers, croyant ressaisir un bien de famille sans doute, a renforcé encore les traits de ressemblance. Le *Don Juan* de Thomas Corneille est le seul qui ait le privilége d'être joué depuis. Il est à regretter que les comédiens s'obstinent à nous présenter la copie au lieu de l'original.

L'*Amour Médecin*, qui succéda de près au *Festin de Pierre*, mais que Molière composa pour la cour, fut joué le 22 septembre 1665, à Versailles. Cette pièce était commandée : *faite, apprise et représentée* en cinq jours, elle n'en est pas moins d'un comique admirable. Molière, usant encore de la liberté d'Aristophane, s'y amuse aux dépens des médecins du roi. On prétend même que, non content d'avoir contrefait leurs noms, à l'aide d'étymologies grecques que Boileau lui avait fournies, il osa, sous des masques, livrer leurs figures à la gaîté publique, afin que ceux qui avaient fait pleurer si souvent fissent rire une fois au moins dans leur vie. Cette comédie de l'*Amour Médecin* est pleine de traits charmans. Rien n'est plus amusant que la scène où les quatre docteurs, réunis pour une consultation, s'entretiennent de leurs mules et parlent de leurs affaires particulières. De cette pièce est sortie la phrase devenue proverbiale : « *Vous êtes orfèvre, M. Josse* ; » phrase qui s'applique aux donneurs de conseils intéressés. Molière n'avait fait que châtouiller l'épiderme des médecins jusque-là ; dans cette comédie, il déclare une guerre à mort à leurs longues robes doctorales, à leurs rabats, à leur pédantisme hérissé de mots grecs, à l'ignorance de la plupart d'entre eux, à tout ce qui constituait alors le charlatanisme de leur profession. Les médecins ont bien changé depuis ; ils ne portent plus ces costumes ridicules que portait leur compagnie au temps de Louis XIV. Le livre qu'ils étudient, est le monde ; ils tâtent le pouls de la société aussi fréquemment que celui de leurs malades, afin de savoir comment il faut en user avec les opinions de leurs cliens. Ce n'est point une classe à part que la leur ; ils se mêlent de toutes choses ; ce sont les confidens des liaisons galantes de la femme, quelquefois ses complices, et les dépositaires des projets politiques du mari. On ne peut se passer d'eux dans aucune maison bien réglée : véritables gens à la mode, élégans et beaux parleurs, on les trouve dans tous les bals, dans toutes les fêtes ; on les rencontre inévitablement au balcon des théâtres lyriques, et même de la Comédie-Française, où ils rient les premiers des ridicules de leurs vieux confrères. Ils entendent mieux la vie ; comprennent-ils mieux la mort ? Nous reviendrons, à propos du *Malade Imaginaire*, plus sérieusement sur ce sujet.

Nous voici arrivés à l'un des grands chefs-d'œuvre de Molière, au *Misanthrope*, représenté le 4 juin 1666. Il ne s'agit plus ici de bourgeois ni de héros, mais d'une classe intermédiaire, bien délicate à saisir, celle qui avait déjà fourni au poète le marquis ridicule de l'*Ecole des Femmes*. Molière voulait peindre enfin largement les travers de la haute société, il fit le *Misanthrope*, sa plus belle création. Cette pièce résume toute la philosophie de l'auteur; elle représente un des types les plus beaux que la poésie ait jamais su ravir à la fragile humanité. Les critiques qui n'ont vu dans Molière que le côté matérialiste se sont étrangement mépris. La broderie leur a caché le fond. L'idée qui se fait jour dans toutes ces pièces est celle-ci : Montrer que les plus honnêtes gens du monde ne sont pas exempts de faiblesses et de défauts, et que chacun doit s'appliquer à se perfectionner en se corrigeant. Lorsqu'on part de cette idée, que nous croyons vraie, le caractère d'Alceste est le plus beau qu'ait conçu Molière. C'est l'arcboutant qui soutient la voûte. En lui se concentre toute la force de pensée qui a présidé aux autres compositions de l'auteur. Vous voyez en effet le comte Alceste, le plus sage des hommes, se débattre dans les filets où l'a enlacé une coquette; bien plus, il se met en colère à propos d'un sonnet. L'exagération de ses bonnes qualités vous fait sourire sans que vous l'en estimiez moins ; vous dites seulement : Il est bien difficile d'être parfait, puisque cet homme ne l'est pas.

Rousseau, qui a vu le *Misanthrope* à travers de sa misanthropie personnelle, l'a fort mal jugé. Rousseau prétend que Molière a dégradé, avili son héros, et l'a rendu ridicule. Cela est faux ; Alceste n'est pas ridicule un seul instant ; ses faiblesses de cœur et ses emportements ne produisent pas un si déplorable effet. C'est un rire bienveillant qui les accueille, sans que l'on perde le respect dû au personnage. Le second reproche que Rousseau adresse à Alceste, est de ne s'en prendre qu'à des ridicules privés et non à des vices publics. Cette vigoureuse haine qu'il avait dans l'âme, il fallait l'exercer, s'est-on écrié encore depuis Rousseau, contre le régime d'un gouvernement despotique, contre les abus qui pesaient sur la nation; il fallait lutter avec un ordre social mauvais, et le faire, en l'étreignant fortement, craquer de toutes parts, si bien que pour le jeter à bas le peuple n'eût plus besoin de donner qu'un coup d'épaule. C'était un beau rôle à jouer en ce temps, mais il était impossible. L'heure de Mirabeau n'était pas venue au dix-septième siècle. Personne n'avait le regard assez puissant pour faire trembler la Bastille sur le sol. Molière pouvait à peine dire dans le *Tartufe*, en parlant des lettres de cachet :

Et ce sont de ces coups que l'on pare en fuyant.

Le roi qui florissait alors n'était pas un roi constitutionnel, il tenait la France muette, et ne permettait pas qu'on s'immisçât dans son administration. Le mystère du gouvernement demeurait renfermé dans la salle du trône. La condition d'existence de Molière n'était qu'au prix de son silence sur les affaires de l'état. Que pouvait donc faire le poète, ayant ainsi les mains liées ? ce qu'il a fait : arriver à la réforme sociale par des détours ; songer à épurer les mœurs avant de chercher à établir les lois, Le dix-huitième siècle viendra poursuivre son œuvre; la comédie perdra de sa gaîté pour entrer dans une voie philosophique; la tragédie se fera sentencieuse ; le théâtre secondera l'indépendance des esprits. Le *Misanthrope* étant posé dans la société de Molière, Alceste ne pouvait se blesser que de ce qui remuait cette société ; or, le bel esprit était alors une chose importante. La fureur de rimer gâtait tout le monde à la cour à la ville. On ne rencontrait dans les ruelles et aux promenades qu'infatigables lecteurs de sonnets et de madrigaux. Il n'est donc pas étonnant qu'Alceste, ennuyé de cette manie, le prenne à cet égard sur un ton fort haut. Les petites choses ont de l'importance quand on vit dans un petit cercle ; et, forcé par son amour pour Célimène de se trouver sans cesse confondu avec des sots, le noble personnage épanche sa bile sur les misères qui le froissent.

Le coup de génie était de rendre Alceste amoureux d'une coquette ; et quand j'ai dit que, pour ce qui touche l'amour Molière me semblait le poète dont l'analyse est descendue le plus profondément dans les replis du cœur humain, je ne crois pas m'être trompé. On sait que Molière avait fait une rude expérience de cette passion. Alceste connaît les défauts de Célimène ;

Mais la raison n'est pas ce qui règle l'amour.

La grâce de la belle veuve est la plus forte ; il espère (elle n'a que vingt ans), il espère en mûrir la jeunesse étourdie aux leçons d'une tendresse sérieuse. Alceste pense que Célimène, unie à lui, se corrigera de ses travers ; et ce n'est que lorsqu'il la voit incurable, lorsqu'il s'aperçoit qu'elle est près de tomber dans le vice de la galanterie, que, la main crispée sur un cœur trop crédule, il en arrache son fol amour et s'enfuit dans la solitude, honteux d'avoir été dupe si long-temps. N'est-ce pas un magnifique effort que celui d'Alceste renonçant à la possession de la femme qu'il désire le plus, pour conserver la noblesse de son âme, la dignité de son caractère? effort d'autant plus pénible que Célimène l'aime autant qu'une coquette peut aimer. L'homme aux rubans verts lui tient plus au cœur que les autres, si les coquettes ont un cœur.

Quel monde que celui du *Misanthrope*! Quelle belle nature que celle d'*Alceste*! Qui donc, ayant le sentiment de la vertu et de l'honneur, n'est pas tout prêt à s'écrier, comme le duc de Montausier, qu'il voudrait ressembler à cet homme? Il est certain qu'on se retrempe à cette source de franchise et de loyauté, et qu'on en revient la tête plus haute et le cœur plus ferme. Une âme bien située ne commettrait pas une basse action en sortant d'une représentation du *Misanthrope*. Rousseau était donc bien malvenu à l'attaquer ; il a eu grand tort d'employer son éloquence à soutenir des paradoxes sur l'immoralité du théâtre. Rendons plutôt justice aux ménagemens qu'il fallait que Molière gardât, de peur de déplaire à un monarque jaloux de son autorité, et son protecteur déclaré. Croit-on, encore une fois, que Louis XIV se serait laissé dire sans restriction : « Sire, votre cour est corrompue, vénale, et tout infatuée d'elle-même ; on n'y a pas la liberté de vivre en homme d'honneur ? » Si l'auteur eût tenu ce langage, il aurait été envoyé immédiatement à la forteresse de Pignerol. Chaque chose a son temps ; il était indispensable alors d'attacher une indignation comique aux paroles d'un rigide censeur. Alceste sans transports et philosophe réformateur aurait été interrompu dès les premiers vers. Louis XIV, qui ne pardonna pas à Fénélon les conseils voilés de Télémaque, ni à Racine un vœu en faveur des protestans, aurait-il souffert qu'un comédien lui donnât des leçons? La chaire de Bossuet possédait à peine ce privilége ; Molière, qui savait tout, n'ignorait pas que les bouffons du moyen-âge avaient seuls le droit de dire la vérité aux monarques absolus, et, s'il faut plaindre ce grand homme de s'être vu forcé de poser, pour ainsi dire, sur le noble front d'Alceste le bonnet à grelots des anciens fous de cour, il n'en est que plus admirable par la manière dont il l'a fait.

Ainsi donc, tout en admettant la magnifique nature d'Alceste, en le tenant pour un parfait honnête homme, on peut remarquer qu'il est guidé par des sentimens personnels, et que, poussant à l'excès la qualité de misanthrope, il devient un être insociable. On ne se dissimule pas que s'il a une haine rigoureuse contre les méchans, il ne fait rien en faveur des bons. Sa vertu n'agit point pour l'avantage de l'humanité ; sa colère ne s'exerce que sur les hypocrisies de salon, sur des condescendances de cour, sur des coquetteries et des vanités de femmes. Pensez-vous, s'il se retire dans ses terres, qu'il abolira d'abord les corvées dont ses paysans sont accablés, lui

si riche, et qui ne regrette pas les vingt-mille francs par lesquels il achète un peu cher le droit de pester à son aise contre l'iniquité de l'arrêt qui le condamne? Pensez-vous qu'il
établira à l'instant une école primaire; ou même que, d'accord avec le bailli, il fondera une institution de rosières? Mon
Dieu, non!... il commencera par chasser le cerf, par lire
Montaigne ou Sénèque, et persévérera bien long-temps dans
ses malédictions contre le genre humain. Il est grand seigneur
avant tout, le plus probe, le plus excellent des grands seigneurs; mais il n'est frappé que des abus qui le touchent, et
non point de ceux qui pèsent sur la foule; il jouit même de
priviléges injustes, dont son âme, si droite, n'est aucune-
ment choquée, accoutumée qu'elle est à ces abus; et la pensée ne lui vient pas que son souffle pourrait abîmer un matin
cette société de courtisans, de flatteurs, de juges corrompus,
ce monde brillant, mais faux, qui le gêne et l'indigne à chaque
pas.

Voilà justement ce que Rousseau voulait avant le temps.
Rousseau attaquait l'ancien ordre social par sa base; il s'ef-
forçait de le renverser, pour asseoir à sa place un gouvernement meilleur, sous lequel on pût forcer les gens à devenir
vertueux, et empêcher qu'on ne se poussât dans le monde par
de *sales emplois*, comme Alceste le reproche à l'homme de
son procès. Les iniquités générales répandues sur la masse de
la nation, soulevèrent du temps de Rousseau une foule d'é-
crivains généreux; l'encyclopédie se fonda sous cette puissante direction, et la révolution française fermenta en secret
dans les entrailles du pays, comme une lave intérieure dont
l'éruption se faisait pressentir. Aussi vit-on bientôt un des
disciples de Rousseau, Fabre d'Églantine, esprit ardent, con-
cevoir le dessein de représenter à ses contemporains les personnages de Molière avec les idées nouvelles apportées par
les cent vingt années qui venaient de s'écouler. Figurez-vous,
en effet, qu'Alceste et Philinte ont vécu âge de patriarches, et

voyez s'ils ont conservé quelques traits de leur visage et de leur caractère. N'est-il pas raisonnable d'admettre qu'un homme ayant le cœur légèrement atteint par l'égoïsme, à trente ans, dans l'âge de la chaleur et du dévouement, puisse se trouver, à soixante ans, entièrement gangrené. La plaie imperceptible aura produit, à la longue, un vaste et profond ulcère! Voila, en quelque sorte, la différence qui existe entre les deux Philinte. Un homme qui commence comme celui de Molière doit finir comme celui de Fabre : le premier porte en germe dans son sein tous les vices du second. Cela arriva à la société, dont Philinte est la personnification. Il en est de même des nobles qualités d'Alceste, elles se feront jour au travers de sa mauvaise humeur. Après avoir mené la vie de grand seigneur, que nous avons peinte, il sentira s'adoucir cette *effroyable haine* vouée au genre humain, et à laquelle nous ne lui avons jamais fait l'honneur de croire ; au lieu de s'enfuir dans un endroit écarté, il tâchera d'être utile à ses semblables, en détournant les obstacles qui s'opposent au bien-être du plus grand nombre, et en démasquant, dans l'intérêt de la société, les traîtres, les lâches, les fripons qu'il rencontrera sur sa route. Ou je ne comprends rien à Alceste, ou son honnêteté, qui n'est que de la *philanthropie rentrée*, si nous pouvons nous exprimer ainsi, l'aurait mené là, seulement à cinquante ans de distance. Molière ne nous aurait pas inspiré tant de respect pour lui, si cet homme devait, en se retirant du monde, devenir aussi égoïste que Philinte ; mais il fallait, pour que ces personnages nous apparussent sous un jour nouveau, que les temps fussent changés.

Nous croyons en avoir dit assez pour défendre Molière contre ceux qui ne font aucune différence, pour ainsi dire, entre le gouvernement absolu de Louis XIV et le gouvernement démocratique d'Athènes, et qui demandent à notre poète les qualités d'Aristophane. Nous approuvons d'ailleurs Molière de s'en être tenu aux mœurs, quand même il n'y aurait pas été forcé.

C'est la peinture qui convient le mieux à la comédie. Les railleries politiques doivent rester habituellement dans le domaine de la satyre ; elles n'ont qu'une valeur passagère, comme les hommes et les choses qui les inspirent. Elles nuisent aux œuvres durables de l'art. Elles sont très bonnes comme équilibres de gouvernement ; c'est un tempéramment excellent ; mais la comédie ne peut s'occuper des affaires publiques, que lorsque les affaires publiques se mêlent intimement aux mœurs. Nous marchons un peu vers cette fusion ; cependant jamais la comédie d'Aristophane ne pourra être ressuscitée, en France surtout, où la démocratie a le sentiment des convenances de l'art. N'oublions pas qu'Aristophane versa la ciguë dans la coupe où Socrate but la mort.

Cependant Dieu nous garde de sacrifier en tout Aristophane à Molière. Le premier possédait une richesse d'invention peut-être supérieure à celle du second. Il avait toute l'imagination désirable pour attacher les esprits mobiles des Grecs ; mais cette haute raison, cette science du cœur, cet ordre heureux qui consacrent les productions de Molière, il ne les avait pas au même degré, et ces qualités s'accordent merveilleusement avec le genie de notre nation. C'est ce mélange de grace et de dignité qu'a porté si haut la gloire de notre scène. La comédie antique et moderne ne pourrait-elle pas se diviser en trois classes. La comédie d'imagination, celle qui ne se propose pas d'autre but que d'égayer les hommes et de les transporter dans les régions de la fantaisie ; la comédie satyrique, celle qui fronde les abus des gouvernemens et des sociétés, et ne s'adresse qu'à des intérêts éphémères ; enfin la comédie de l'humanité, si nous pouvons nous exprimer ainsi, celle qui reproduit les caractères et s'occupe du perfectionnement des mœurs, d'après le sentiment moral déposé au fond de nos consciences par une invisible et suprême autorité. On trouve dans tous les pays des exemples de ces trois genres de comédie. Caldéron, Lope de Vega, Shakespeare, ont particu-

lièrement brillé dans le premier genre ; Aristophane, Beaumarchais, ont exploité le second ; Menandre, Plaute, Térence, se
sont distingués dans le troisième, et notre Molière, résumant
admirablement cette manière, la plus noble de toutes, s'est
élevé à une hauteur qu'il est difficile d'atteindre après lui.

De tous les écrivains qui ont parlé du *Misanthrope* , Mar-
montel est peut être celui qui l'a compris le mieux. La Harpe
s'est montré, en cette matière, d'une extraordinaire naïveté.
Geoffroy s'est laissé emporter par sa rage contre les philosophes. Un des bons esprits de ce temps, M. Auger, a traité
ce sujet avec beaucoup de sagacité dans ses excellentes noti-
ces sur les pièces de Molière. N'oublions pas M. Gustave
Planche, critique judicieux et profond, et meilleur écrivain
que ses devanciers.

On remarque dans la charmante scène des portraits, une
vingtaine de vers qui semblent un hors-d'œuvre, et qu'on
pourrait retrancher, sans faire le moindre tort à la pièce,
vers charmans du reste. Ce sont les vers que prononce
Céliante sur les illusions des amans.

L'amour pour l'ordinaire.....

Ces vers sont empruntés à Lucrèce ; c'est une traduction
exquise, qui date des premières études de Molière, et qu'il a
voulu placer là. Molière ne perdait rien. On sent un peu que
le morceau est rapporté. Voilà, du reste, le seul emprunt que
l'auteur se soit permis dans ce chef-d'œuvre qui lui appartient
ainsi qu'aux mœurs françaises.

Le théâtre italien, qui était voué aux balourdises d'Arlequin, a fait jouer aussi un Misanthrope ; Arlequin s'affublait
quelquefois des titres les plus graves. On trouve dans cette
pièce un tableau de Paris assez plaisant. Arlequin s'est retiré dans une forêt où sa réputation attire la foule : on accourt
consulter sa philosophie. Scaramouche, entre autres, qui
vient de l'entendre conseiller à un homme de mérite de ne

pas aller à Paris, parce qu'il n'y réussira pas, se met à pleurer sur son sort, à lui qui est un ignorant.

SCARAMOUCHE : Qu'est-ce que je ferai, s'écrie-t-il, moi qui ne suis bon à rien, qui ne fais que de la bagatelle, qui ne sais que de la bagatelle, et qui ne suis moi-même qu'une bagatelle.

ARLEQUIN : Tu fais la bagatelle?

SCARAMOUCHE : Oui.

ARLEQUIN : Tu sais la bagatelle?

SCARAMOUCHE : Hélas, oui.

ARLEQUIN : Et tu es bagatelle. Ah! mon cher, viens que je t'embrasse; tu es né pour Paris; tu es né pour une grande fortune; avec une si belle disposition tu peux aspirer à tout. La bagatelle! à Paris!....

Arlequin a-t-il tort?

Molière joua lui-même le rôle du Misanthrope, et Mlle Molière celui de la coquette Célimène. Les deux époux ne se voyaient plus guères qu'au théâtre. La passion de Mlle Molière pour le comte de Guiche, puis pour Lauzun, puis pour beaucoup d'autres, avait amené une séparation. Combien le mari jaloux sût rendre avec vérité les emportements amoureux d'Alceste et qu'il dût souffrir. Les spectateurs, au courant de la mésintelligence conjugale des deux personnages, eurent un intérêt de plus dans la représentation de cette pièce. Mlle Molière représentait à ravir cette Célimène, qui reste jusqu'à la fin ce qu'elle est au commencement légère et coquette, et qui refuse de quitter les adorations du monde, pour suivre Alceste dans la solitude, ou si vous le voulez, Molière dans la retraite d'Auteuil. Cette femme de vingt ans, si spirituelle dans ses médisances qu'on les lui pardonne, si jolie qu'on oublie ses torts les plus graves, est le type le plus achevé que l'auteur ait créé. Ce rôle a été tissu avec les fibres de son cœur.

Le *Médecin malgré lui* qui succéda au *Misanthrope*, et obtint même quelques représentations de plus que ce chef-d'œuvre, dans sa nouveauté, fût joué pour la première fois le 26 juin 1666. Molière n'avait fait jusque-là que préluder à sa guerre contre les médecins. L'ignorance des docteurs de son temps était ainsi que nous l'avons dit, telle que le sentiment public le secondait, non moins que le bon plaisir du roi. Toutes les fois que le peuple voyait passer Quesnault, il le remerciait d'avoir délivré la France du cardinal Mazarin, dont il était le médecin, et lui pardonnait spirituellement à cause de ce malade un peu brusquement envoyé dans l'autre monde, tous les honnêtes gens dont on aurait pu lui reprocher la mort. Molière conçut l'idée de changer le mot médecin, même en une injure véritable, et lorsque Sganarelle est accosté par deux personnes qui veulent le forcer à faire partie de la faculté, cette réponse *médecin vous-même*, est un des traits comiques les plus incisifs qui soient au théâtre. Un docteur fait à coup de bâtons n'est-ce pas une chose éminemment plaisante? Cette pièce abonde en détails heureux, en scènes excellentes, et d'une portée plus haute que ne paraît le comporter la bouffonnerie du sujet. La phrase *nous avons changé tout cela*, à propos du cœur que Sganarelle place à droite dans un de ses amphigouris est devenue un proverbe comme celle *vous êtes orfèvre* de l'*Amour Médecin*. Rien n'est plus amusant que la scène où la belle Lucinde use trop librement de la liberté de s'exprimer qu'elle fait semblant d'avoir recouvrée, et donne à son père le regret de ne plus voir sa fille muette, lui qui s'est tant inquiété, parce qu'il la croyait privée de la parole.

Molière s'est servi du *Médecin volant*, de Boursault, et de son propre *Médecin volant*, à lui-même, pour composer son *Médecin malgré lui*. Le président Roze, humaniste distingué, joua un tour ingénieux à Molière, à propos de la chanson que Sganarelle adresse à sa bouteille : *Qu'ils sont doux!*. Le président Roze mit ces vers en latin et soutint que Molière les avait pillés à l'antiquité. Nous citerons en regard du texte ces vers d'une très-bonne latinité et qui ressemblent à une strophe d'Horace.

<table>
<tr><td>Qu'ils sont doux,</td><td>Quam dulces,</td></tr>
<tr><td>Bouteille jolie,</td><td>Amphora amœna,</td></tr>
<tr><td>Qu'ils sont doux,</td><td>Quam dulces,</td></tr>
<tr><td>Tes petits glou-glous.</td><td>Sunt tuæ voces!</td></tr>
<tr><td>Mais mon sort serait bien des jaloux,</td><td>Dum fundis merum in calices,</td></tr>
<tr><td>Si vous étiez toujours remplie.</td><td>Utinam sumper esses plena.</td></tr>
<tr><td>Ah! bouteil'e, ma mie,</td><td>Ah! ah! cara mea lagena</td></tr>
<tr><td>Pourquoi vous videz-vous?</td><td>Cur vacua jaces?</td></tr>
</table>

Qu'est devenu le temps où les présidens étaient capables d'écrire de pareils vers. La poésie latine qui faisait les délices de nos ancêtres, se retire de plus en plus de notre éducation.

La troupe que dirigeait Molière, et qui prit bientôt le nom de la troupe du roi, servait aux plaisirs de la cour, comme nous l'avons vu. Louis XIV commanda des divertissemens nouveaux vers la fin de 1666; la mort de sa mère, arrivée au commencement de cette année, avait suspendu jusque-là toutes les fêtes. Molière, pour plaire au roi, composa les deux premiers actes de *Melicerte* et la *pastorale comique*. Il faut avouer que cette fois Molière fut abandonné par son génie. Il voulut puiser encore à la source de *Cyrus* et de l'*Astrée*, et s'aventurer sur les traces de d'Urfé, mais le peintre fidèle des mœurs n'était pas à son aise dans ce monde romanesque; il trouva pourtant des vers charmans qu'il mit dans la bouche de Myrtil. Le jeune Baron fit le succès de cette pastorale, et causa même de la jalousie à Mlle Molière qui eut pour lui de mauvais procédés. Plus tard, les sentimens changèrent. Ce fut au tour de Molière à être jaloux. Baron, l'homme à bonnes fortunes par excellence, si l'on en croit la chronique, n'épargna pas son bienfaiteur. Molière se hâta de mettre dans l'ombre *Melicerte* et la *pastorale* comique aussitôt que les fêtes de la cour furent terminées. Il n'était pas homme à se tromper sur leur valeur. Il n'acheva jamais *Mélicerte*; Guérin fils, dont le père épousa en secondes noces la femme de Molière, finit cette pastorale héroïque, mais la muse de la comédie, plus rebelle que l'épouse du poète, ne se laissa pas surprendre : elle resta fidèle à la mémoire de ce grand homme; elle l'a même été si obstinément depuis que les amis du théâtre déplorent cet excès de constance.

Le *Sicilien ou l'Amour peintre* est une des jolies petites comédies de Molière. Cette pièce fut intercalée dans le *Ballet des Muses* de Benserade, et le roi Louis XIV ne dédaigna pas d'y jouer le rôle d'un *maure de qualité*. Mme Henriette d'Angleterre, Mlle de Lavallière, Mme de Rochefort, Mme de Brancas étaient transformées en *mauresques de qualité*. Molière représentait don Pèdre, le principal rôle.

Don Pèdre, gentilhomme sicilien, l'aïeul de Bartholo, est épris de la beauté d'une jeune grecque qu'il a achetée, et qu'il tient renfermée sous les verroux. Un jeune seigneur français est amoureux aussi de la charmante esclave, fille raisonneuse et difficile à garder. Adraste, notre seigneur, invente mille moyens pour voir l'adorable Isidore, et pour lui parler. Il est aidé par un valet hardi, entreprenant, astucieux, Hali, qui se plaint déjà de la *sotte condition d'être toujours tout entier aux passions d'un maître, de n'être réglé que par ses humeurs, et de se voir réduit à faire ses propres affaires de tous les succès qu'il peut prendre*. Ne voilà-t-il pas le caractère ambitieux de Figaro qui commence à percer? Adraste, après avoir perdu son temps à donner des sérénades sous les fenêtres de sa belle, sans avoir pu entrer dans le logis, apprend que don Pèdre veut faire peindre Isidore; le peintre est de ses amis; il se fait envoyer à sa place chez don Pèdre, car il sait peindre; il manie le pinceau *contre la coutume de France, qui ne veut pas qu'un gentilhomme sache rienfaire*; Molière n'omet aucun trait de mœurs; Adraste déclare sa tendresse à Isidore, qui ne balance pas entre un vieux et un jeune amant. Il ne s'agit plus que de l'enlever. Comment s'y prendre ! Adraste fait semblant de poursuivre une de ses esclaves, Zaïde, qui a osé se dévoiler en public ; Zaïde se réfugie dans la maison de don Pèdre, lequel s'entremet dans cette affaire, et cherche à l'arranger honnêtement. Adraste, cédant à ses raisons, a rengainé son épée et son courroux ; on va chercher Zaïde, mais au lieu d'elle, Isidore, couverte d'un grand voile s'échappe avec son amant. Don Pèdre, furieux, court chez la justice, afin de la mettre à la poursuite des fugitifs ; mais la justice donne un bal. La justice le remet au lendemain. Cette dernière scène que le Théâtre-Français croit devoir supprimer, et qui complète la pièce, est de toute nécessité.

Il y a des mots charmants dans la comédie du *Sicilien*, et des meilleurs de Molière. C'est dans cette pièce que se rencontrent deux soufflets si comiquement échangés dans l'ombre. *Qui va là*, dit don Pèdre, en donnant un soufflet à Hali. — Ami, répond Hali, en rendant le soufflet à don Pèdre ; puis, lorsque Hali, déguisé en musicien, prétend divertir don Pèdre par un concert, et lui dit : *Seigneur, je suis virtuose.—Je n'ai rien à donner*, répond don Pèdre. Indépendamment de ces coquetteries de style, le *Sicilien* possède toute la grâce des imbroglios italiens et espagnols, dans lesquels la musique joue un aussi grand rôle que l'amour, et qui montrent de vieux jaloux dupés par de jolies filles et de beaux cavaliers.

Cailhava, à qui l'on doit un excellent travail sur Molière, a fait des remarques très-justes à propos du style de cette comédie. Molière avait en grande estime le vers, il en comprenait si bien la supériorité sur la prose ! Les premières lignes du *Sicilien* ont été arrangées par Cailhava dans un rythme très-naturel.

Voici les lignes de Molière : « Il fait noir comme dans un four. Le ciel s'est habillé ce soir en Scaramouche, et je ne vois pas une étoile qui montre le bout de son nez. Sotte condition que celle d'un esclave, de ne vivre jamais pour soi, et d'être toujours tout entier aux passions d'un maître, de n'être réglé que par ses humeurs, et de se voir réduit à faire ses propres affaires de tous les soucis qu'il peut prendre ; le mari me fait éprouver ces inquiétudes parce qu'il est amoureux ; il faut que nuit et jour je n'aie aucun repos. »

Voici les vers irréguliers retrouvés, moins la rime, par Cailhava :

Il fait noir comme dans un four.
Le ciel s'est habillé ce soir en Scaramouche (1).
Et je ne vois pas une étoile
Qui montre le bout de son nez !
Sotte condition que celle d'un esclave,
De ne vivre jamais pour soi,
Et d'être toujours tout entier
Aux passions d'un maître ;
D'être réglé par ses humeurs,
Et de se voir réduit à faire
Ses propres affaires,
De tous les soucis qu'il peut prendre !
Le mien me fait ici
Epouser ses inquiétudes,
Et parce qu'il est amoureux
Il faut que nuit et jour je n'aie aucun repos.

C'est la même cadence que dans l'*Amphytrion*, et il ne manque en effet que la rime à cette prose, ainsi alignée. Il est probable que Molière n'a pas eu le temps d'achever en vers cette pièce ordonnée pour les fêtes de la cour, et que pourtant il avait commencé à l'écrire de cette façon.

(1) Scaramouche, personnage bouffon de l'ancien Théâtre-Italien, était habillé de noir de la tête au pieds ; il portait même un masque noir. Scaramouche a existé. Brouillé avec la justice de son pays, il se réfugia à Paris, où son talent de mime le fit bien accueillir. Lorsqu'il parla de retourner dans son pays, Louis XIV, blessé de son ingratitude, lui fit défendre de revenir en France ; il y revint pourtant, et le roi, qui aimait à rire, lui pardonna.

C'est cette pièce qui a fourni peut-être à Beaumarchais l'idée du *Barbier de Séville?* La source n'est pas de ces sources inconnues que recherchent les auteurs, afin d'usurper une réputation d'originalité. Beaumarchais n'y est pas allé à la dérobée. Comme ces habiles fripons qui font leur coup en plein jour, et ne se sauvent qu'à force d'adresse et de subtilité, l'ingénieux Beaumarchais a tout simplement pillé Molière. Au *Sicilien* qui lui fournissait tous les caractères de sa pièce, il a joint une scène du second acte du *Malade imaginaire,* scène dans laquelle Cléante donne une leçon de chant à Angélique, devant son père, et soupire des paroles, extrêmement tendres, en tenant à la main un papier sur lequel *il n'y a que de la musique écrite.* Avec ces deux éléments, l'intrigue du *Barbier de Séville* a été composée. Combien n'a-t-il pas fallu d'esprit à Beaumarchais pour faire oublier des emprunts faits à Molière.

Ce qui a été cause, au reste, de la fortune de Beaumarchais, c'est que la création de Figaro était toute politique, si nous pouvons nous exprimer ainsi. Figaro est un impitoyable frondeur. Figaro commence à transporter sur la scène la satire du gouvernement. Ce n'est plus la peinture générale des vices et des défauts de l'espèce humaine, c'est le tableau des abus et des torts de la société, et de la société française flagellée dans la personne du noble comte Almaviva. Il y a là de l'Aristophane, ainsi que nous l'avons expliqué plus haut ; Beaumarchais s'est approprié les situations comiques inventées par le génie de Molière. Mais comme il était mêlé aux hommes et aux choses du dix-huitième siècle, il a su revêtir ses personnages du caractère de son époque hostile aux puissants ; et par ce côté, il a été profondément original. Voilà ce qui manque à nos comédies ; ce n'est pas le plagiat à coup sûr, c'est l'esprit du plagiat. Nos auteurs, faiseurs de pastiches insignifiants, ou bien nous imposant leurs fantaisies, ne savent ou ne veulent pas condenser les opinions populaires ; ils n'animent point un personnage du souffle de plusieurs milliers d'ames. Celui qui ne se contentera pas d'effleurer la surface de nos mœurs, et dont la main fouillera cette mine d'or, pour ainsi dire inexplorée, obtiendra un immense succès.

Nous voici arrivés au second chef-d'œuvre de Molière, au *Tartufe,* qui partage avec le *Misanthrope* l'honneur du premier rang dans cette magnifique galerie des caractères laissés par l'auteur à l'admiration des siècles.

Il y a au théâtre des noms qui semblent convenir tellement aux personnages, qu'on n'aurait pu s'habituer à tout autre. Cela nous paraîtrait impossible qu'ils n'eussent pas été rencontrés. Il en est de même dans la vie; nous croyons les hommes de génie et même quelquefois les simples particuliers qui nous entourent baptisés par une volonté supérieure; nous sommes sur le point d'attribuer à l'antique destin cet accord qui existe à nos yeux entre le caractère et le nom et de dire: *c'était écrit!* En amour surtout, ce phénomène est fréquent.

Je vous demande en vérité si vous auriez pu vous faire au nom de *Panulphe,* que Molière avait d'abord eu dessein de donner à son imposteur! Panulphe! Qu'est-cela, je vous prie! Ne voilà-t-il pas des syllabes bien insolentes! De quel droit Panulphe, s'il vous plaît? Panulphe est bon, vraiment! Molière ne tarda pas à châtier l'audace de ce nom qui prétendait se glisser dans sa comédie; il le traita du haut en bas! Ce fut alors qu'il choisit *Tartufe!* A la bonne heure! C'est-là un nom heureux! un nom beat, tout confit en hypocrisie. Ne pensez pas que nous voyons actuellement ce nom de Tartufe, à travers le personnage, et que notre esprit et notre oreille soient séduits par l'habitude! A part une valeur devenue proverbiale, ce nom porte en lui, comme tous les noms bien inspirés, qui doivent dater dans le monde, une sorte d'étymologie impressionnant en sa faveur; Dieu nous garde de tomber dans le ridicule des

Femmes Savantes, et d'appliquer à ce mot le vers de Bélise :

Il est vrai qu'il dit plus de choses qu'il n'est gros.

Mais nous citerons l'autorité de Molière ; une anecdote prouve qu'il a cherché long-temps une expression aussi caractéristique que celle-là; on assure que se trouvant un jour chez le nonce du pape, avec plusieurs ecclésiastiques, au visage papelard, on apporta des truffes, et que l'un d'eux s'écria avec un air admirable de goinfrerie dévote : *Tartufoli, signor Nunzio, tartufoli.* Il n'en fallut pas davantage au poète comique ! Cette figure morose; si subitement déridée, cette gourmandise cafarde, dévoilée à l'improviste, lui donnèrent la mesure d'un masque d'hypocrite ! Tartufe était trouvé, peut-être est-ce pour cela que Molière a fait son héros si tendre, non-seulement à la tentation du côté des femmes, mais encore aux sensualités de la bonne chère. Rappelez-vous le portrait que Dorine trace de ce *pauvre homme*, lorsqu'elle raconte à Orgon ce qui s'est passé dans la maison pendant son absence :

> .... Il soupa, lui tout seul, devant elle (Elmire)
> Et, fort dévotement, il mangea deux perdrix,
> Avec une moitié de gigot en hachis.

Si Molière n'a pas mis les Truffes dans le repas, c'était sans doute pour éviter les personnalités ! Les truffes sont dans le mot.

On sait toutes les peines que l'auteur du *Misanthrope* eut à faire jouer son nouveau chef-d'œuvre; chacun voulait s'y reconnaître. On prétend qu'une aventure pareille à celle qu'il a mise dans sa comédie se passa chez la duchesse de Longueville, entre cette galante princesse et l'abbé de La Roquette. Au reste, tout le clergé cria au scandale, bien que Tartufe ne soit pas un abbé, puisqu'Orgon veut lui donner sa fille en mariage ; mais on n'ignorait pas l'intention première de Molière ; lui-même a pris soin, comme il le dit assez naïvement au roi dans un placet, de *déguiser* le personnage sous l'ajustement d'un homme du monde. Les abbés clairvoyans ne s'y trompaient pas ; ils avaient alors les honneurs, la puissance ; ils étaient attaqués d'une façon détournée dans leurs intérêts... Pouvaient-ils pardonner ! Il fallait que Molière comptât bien sur le roi, pour lui faire l'aveu contenu dans son placet, confidence qui a l'air d'être faite de pair à compagnon. « J'ai eu beau donner à mon imposteur, dit-il, un petit chapeau, de grands cheveux, un grand collet, une épée et des dentelles sur tout l'habit ; mettre en plusieurs endroits des adoucissemens, et retrancher avec soin tout ce que j'ai jugé capable de fournir l'ombre d'un prétexte aux célèbres originaux du portrait que je voulais faire, tout cela n'a de rien servi. » On pouvait alors parler ainsi à Louis XIV ; il était jeune, amoureux et puissant ; sa vie était ouverte et brillante. Mais lorsque l'hypocrisie en personne s'approcha de lui, sous les traits de madame de Maintenon, et gouverna ses facultés vieillies, il n'eût pas fallu que Molière demandât autorisation pour faire jouer son *Tartufe,*

Malgré cette haute et forte satire, ce que Molière avait pressenti arriva. Les faux semblans de dévotion eurent le dessus ; le roi se laissa embégniner, et la révocation de l'édit de Nantes fut la suite de cet engouement fanatique. Une vieille femme dont les charmes usés étaient obligés d'avoir recours à un extérieur de religion pour maintenir son autorité sur son amant, prévalut contre le génie et l'autorité de Molière.

On ne se lassera jamais d'admirer le *Tartufe,* cet honneur impérissable de la scène française. L'intrigue, savamment combinée est pleine d'intérêt, depuis l'exposition, si vive et si théâtrale, jusqu'au dénouement, l'un des plus adroits et des plus heureux du monde. Le seul reproche qu'on puisse faire à ce dénouement, c'est d'être compliqué d'une certaine cassette dont il n'a été que fort peu question, et qui donne matière à Tartufe d'accuser Orgon près du roi. Cette cassette ne joue pas un rôle assez actif dans les premiers actes; mais aucun autre dénouement n'était possible; celui-là avait, de plus, le mérite d'être un passeport à la comédie de Molière. Avec quelle adresse Louis XIV s'y trouve flatté ! Quel prince, ainsi loué, n'aurait pas pris la responsabilité d'un ouvrage plus dangereux encore! Comme on se sent noblement ému lorsque l'exempt, ce personnage si peu attendu, répond à Tartufe, qui lui demande le motif pour lequel on veut l'emprisonner :

Ce n'est pas vous à qui j'en veux rendre raison !

Quelle dignité dans cette réponse! Voilà un homme qui, tout d'un coup, devient un personnage. Cet honnête homme est bien sûr d'être écouté, quand il fera son récit. On n'a jamais poussé le naturel des caractères plus loin que dans cette pièce achevée; tous les portraits sont frappans de vérité, depuis madame Pernelle, cette vieille grand'-mère, discoureuse intempestive comme toutes les grand'-mères, jusqu'à M. Loyal, ce type des huissiers; Tartufe, ainsi qu'on l'a remarqué, véritable hypocrite, à moins qu'il ne soit emporté par sa convoitise d'Elmire, ne se livre jamais, pas même au public; il ne se permet pas un à parte; il y a plus, c'est qu'il en est venu à croire en son hypocrisie, comme les menteurs dans leurs mensonges; ainsi, lorsqu'au quatrième acte sa concupiscence est découverte par Orgon, il reprend son manteau d'hypocrisie, il ose encore parler de la vengeance du ciel.

Deux des plus délicieux caractères de femmes que Molière ait dépeints se trouvent dans cette comédie.

Elmire est la femme sage sans pruderie, qui sait se défendre et se faire respecter sans simagrées de vertus, sans fermer l'oreille aux propos du monde, parce qu'il peut s'y glisser des choses d'amour. Elmire est la plus honnête femme qui ait été imaginée par un poète. Mariée à un imbécile, elle est néanmoins fidèle à son mari ; elle se défend contre les entreprises galantes comme une mère de famille doit le faire, sans scandale et sans bruit. Prise dans la réalité, elle s'idéalise par la pureté de son ame et par le sentiment du devoir porté jusqu'à l'abnégation d'elle-même, ce qui constitue la plus vraie et la plus belle des poésies. Il y a bien des soupirs refoulés dans le sein d'Elmire. Comme elle a dû souffrir de la petitesse d'esprit de son époux et de la mauvaise humeur de sa vieille et bavarde belle-mère, elle qui est si haute d'intelligence et de cœur. Elle a concentré les affections sur les enfans de son mari, jeunes gens bien élevés qu'elle aime comme si elle était leur mère. Elle dissimule devant eux les tortures qu'elle éprouve chaque jour : quelquefois seulement elle s'en plaint à son beau-frère, le plus raisonnable et le meilleur conseiller des hommes, mais autant qu'elle peut, comme un propice arc-en-ciel, elle apaise les orages de la famille. Dorine, qui n'a pas la même modération que sa maîtresse, se voit forcée de se taire en sa présence, et pour causer à son aise, se rejette sur Orgon qui la tolère par habitude, et parce qu'il n'est pas fâché d'avoir quelqu'un là au besoin pour se mettre en colère et faire du fracas dans la maison, comme tous les sots : il prouve ainsi qu'il est le maître.

Molière a creusé le rôle d'Elmire dans ses moindre détails. C'est un rôle plutôt passif qu'actif, et par conséquent d'une grande difficulté pour l'actrice qui en est chargée. Il faut, pour le rendre exactement, une profonde étude de physionomie. Elmire, en effet, est souvent muette, et ses traits parlent seuls. Dans la longue et première scène de la pièce, elle dit à peine quelque mots, mais elle n'en impose pas moins à son beau-fils, à sa belle-fille, à sa servante, le respect qui lui est dû; un regard, un mouvement de lèvres arrêtent l'expression d'une parole trop vive de leur part. Dans la scène de la déclaration de Tartufe, elle est contrainte de garder le silence sur les émotions de son cœur; mais elle ne peut manquer de faire voir au spectateur le mépris que lui inspire un pareil amour.

Quand Elmire est poussée à bout par Tartufe qui veut des réalités pour convaincre son ame, alors qu'Orgon, stupefait, ne se presse pas de sortir de la cache où il est, elle tousse à plusieurs reprises pour avertir son mari de ne pas laisser aller plus loin l'affaire, et répond à Tartufe, qui lui demande si elle souffre.

..... Oui, je suis au supplice.

Il faut que l'actrice exprime merveilleusement le sentiment de répulsion qu'Elmire éprouve. Tant de grace et d'élégance ont peur d'être froissées par des mains si rudes. Et puis, comme elle a honte de son subterfuge, cette digne créature, lorsque Tartufe est pris au piége de sa propre convoitise.

Marianne est une jeune fille bien élevée, dont la pudeur ne s'offense pas des libertés de sa suivante, parce qu'elles ne peuvent rien sur sa candeur, et que ces libertés d'ailleurs partent d'une honnête personne; la tendresse de Marianne pour Valère s'exhale avec un charme exquis comme le pur parfum d'une fleur fraichement épanouie. Il n'existe, sur aucun théâtre, une scène plus ravissante que celle qui a lieu entre les deux jeunes gens si décemment épris l'un de l'autre. Jamais les brouilles et les raccommodemens de l'amour délicat n'ont été retracés avec une plus adorable expression.

Nous avons fait remarquer, à plusieurs reprises, comment Alceste ne sappe qu'avec précaution l'organisation vicieuse du gouvernement de Louis XIV. Dans *Tartufe*, la pensée est plus précise; elle se formule par une tirade directe contre les hypocrites et les dévôts stupides qui devaient flétrir la fin d'un

règne si brillant à son aurore, amener la révocation de l'E-
dit de Nantes, et transformer le sceptre de Louis XIV en
quenouille de madame de Maintenon.

La pièce qui succéda au *Tartufe* fut l'*Amphytrion* : étrange
variété de Molière! Cette pièce fut jouée le 13 janvier 1668.

Nous allons toucher encore une matière délicate; il s'agit
de la source éternelle et classique du ridicule, c'est-à-dire des
maris qui sont ou qui se croient trompés dans leur foi conjugale.

Est-il rien de plus comique que la position de cet Amphytrion, auquel sa femme raconte avec bonne foi les mystères
d'une nuit dont elle le croit instruit mieux que personne, et
dont le seigneur Jupiter a fait les honneurs?

Nous devons remarqer que les convenances les plus strictes,
non pas dans les détails, mais dans le sujet, se trouvent ob-
servées dans cette pièce. *Amphytrion* est le jouet d'une erreur;
sa femme n'a pas manqué à la vertu. Il est bien vrai qu'Alcmène n'a été fidèle que de pensée, mais elle obtient aisément
pardon du plus rigide spectateur, puisque Jupiter avait pris
le visage de son époux. C'est un bel éloge donné aux dames
de l'antiquité, qu'un Dieu pour les séduire ait été obligé de
prendre ce moyen tombé en désuétude depuis lors. Dans
nos sociétés modernes, moins un homme ressemble à un
mari, plus il a de chances de réussir auprès de sa femme; sans
cela, à quoi bon changer?

La sainteté du mariage était mieux observée dans l'antiquité que chez les nations actuelles. Les tribunaux de Rome
demeurèrent cinq cents ans sans connaître du crime d'adul-
tère; je ne sache pas qu'il se passe un mois en France sans
que de pareilles plaintes retentissent, et l'on sait que bien peu
de personnes en viennent à la fâcheuse extrémité d'une séparation illusoire, le divorce étant rejeté par notre législa-
tion. Si tout le monde d'ailleurs prenait ce parti désespéré,
le cours ordinaire de la justice serait probablement arrêté.

L'amphytrion de Plaute, auquel Molière a emprunté presque toute sa comédie, renferme sur les femmes des lignes que les anciens inscrivaient sans doute en lettres d'or sur le seuil de leur gynecée. On doit se rappeler que Plaute fait agir des personnages grecs, mait il y avait entre les mœurs grecques et les mœurs latines une grande ressemblance. La meilleure preuve en est que les comédies de Plaute et de Térence, souvent traduites littéralement d'Aristophane, de Ménandre, de Dyphile et de beaucoup d'autres auteurs dont les ouvrages ne nous sont point parvenus, n'en plaisaient pas moins aux spectateurs romains qui s'y reconnaissaient. Il n'y avait que les noms de changés.

Voici la manière dont Alcmène se défend dans Plaute :

ALCMÈNE.

« Ce que l'on appelle dot, les biens de la fortune, ne sont rien à mes yeux. Le plus riche apanage d'une femme, c'est la chasteté, la pudeur, l'empire qu'elle a sur ses passions, la crainte des dieux, l'amour envers l'auteur de ses jours : c'est enfin l'union qu'elle conserve dans sa famille. Pour moi, je n'ai cessé de vous être soumise, et je ressens toujours un nouveau plaisir à rendre service aux gens de bien, à leur être utile.

SOSIE.

Ma foi, si cette femme parle avec sincérité, c'est le modèle des femmes. »

Sosie a raison; et l'on ne peut en moins de lignes tracer un sommaire plus exact des devoirs d'une honnête femme. Les maximes d'*Arnolphe* ne sont que des bagatelles auprès de celles-là.

L'*Amphytrion* français est de beaucoup supérieur au latin par l'exécution, mais le personnage de Cleanthis excepté, tout Plaute a passé chez Molière. C'est la plus complète des imitations de notre grand comique, qui ne se gênait pas plus avec les morts qu'avec les vivans. Il existe au dénoûment une différence notable. L'amphytrion de Plaute est enchanté de l'honneur que lui a fait Jupiter, en daignant rendre sa femme mère d'Hercule ; les dieux païens avaient un reste de crédit du temps de Plaute ; on ne se moquait pas d'eux ouvertement comme du temps de Pétrone, par exemple, et l'Amphytrion que l'on jouait aux fêtes de Jupiter, témoignait du respect absolu que l'on devait aux volontés des dieux, quoiqu'ils pussent ordonner. L'Amphytrion de Molière n'avait pas les mêmes respects à conserver ; aussi n'est-il pas plus content qu'il ne faut. Le seigneur Jupiter lui *dore la pilule* avec grace, mais il a de la peine à la diriger. On sent sous le masque de ce Jupiter le roi Louis XIV dans tout son éclat ; et l'Amphytrion est devenu un des époux de sa cour galante, obligé de tolérer ce qu'il ne peut empêcher.

Tous les poètes comiques depuis Aristophane jusqu'à Molière, tous les satiriques, depuis Lucien jusqu'à Boileau, ont médit des femmes, et les poètes tragiques eux-mêmes qui leur sont plus favorables, ne les ont guères ménagées néanmoins. Euripide commence une de ses tragédies par une longue tirade contre elles, et le grand Shakspeare s'écrie : *Frailty, thy name is woman.* Fragilité ! ton nom est la femme ! Pétrone, dans son histoire de la *Matrone d'Ephèse*, a fait la plus vive et la plus charmante critique de leur inconstance et de leur facilité à se consoler de la perte d'un époux. Il est certain que presque toutes les veuves se remarient ; seulement au lieu de cinq jours comme Pétrone, la loi sage et prévoyante a exigé une année. Ne trouvant pas ce conte ingénieux suffisant, l'auteur du Satiricon, redouble ailleurs ses attaques contre les femmes. C'est lui qui a écrit ces lignes offensantes : « Qu'est-ce que les femmes ! elles sont de la nature du milan. Leur faire du bien, c'est comme si on jetait son argent dans un puits. Une ancienne passion devient pour elles une prison insupportable. »

Voilà ce que pensent les dames de son temps l'homme que Tacite appelle l'arbitre du goût. Pour l'honneur des dames romaines, il faut ajouter qu'il est beaucoup plus question de courtisanes que de femmes mariées dans les œuvres des écrivains grecs et latins. A la cour de Néron, du reste, où Pétrone fut, à ce que l'on croit, surintendant des plaisirs du prince, les souvenirs de Messaline (je n'ose rappeler les expressions dont Tacite l'a flétrie) influaient sur les mœurs que devait régénérer bientôt le spiritualisme chrétien. C'est l'époque la plus corrompue de la décadence romaine, et malgré la grâce du style, on ne peut lire sans dégoût les peintures qui nous en ont été laissées. Je n'aurais pas conseillé à l'Alcmène de Plaute de se présenter à côté de la Quartilla de Pétrone, qui ne se souvenait pas de sa virginité, et Amphytrion, dont le nom a passé en proverbe, aurait fait triste figure près du seigneur Trimalchion.

L'ère triomphale des femmes a été le moyen-âge. La chevalerie les a vues parfaites, et il ne faisait pas bon alors s'exprimer méchamment sur leur compte. On était redressé de main de maître. Les trouvères et les troubadours chantaient leurs charmes et leurs vertus. Quand un amour fatal les atteignait, *elles mouraient, mais ne se rendaient pas.* C'était un concert d'éloges sur leur chasteté. Cependant cela ne put durer. Toute cette louangeuse poésie s'écroula à la renaissance. Boccace en Italie, Chaucer en Angleterre, Jean de Meung en France, commencèrent à battre en brèche leur réputation, et depuis, Dieu sait ce que la malice des auteurs a inventé contre leur coquetterie.

L'*Avare* fut également emprunté à Plaute ; Molière mit non-seulement le poète latin à contribution, mais encore plusieurs autres auteurs. C'est peut-être celle de ses pièces dans aquelle il a fait entrer le plus d'élémens connus, et pourtant elle possède une véritable originalité. Toutes les couleurs l'étrangères se sont admirablement fondues sous sa main. L'*Au-*

lulaire, de Plaute, est, à n'en point douter, la base sur laquelle Molière a construit son édifice. La marmite pleine d'or
du vieil Euclion a donné l'idée de la cassette d'Harpagon. Le
nom d'Harpagon lui-même est emprunté à Plaute.La fameuse
scène de la cassette enlevée et le quiproquo de l'avare et de
l'amant appartiennent encore au poète latin. Molière s'est
servi aussi de beaucoup de choses de détail ; l'avare qui demande à voir la troisieme main de son valet, est un trait
d'Euclion. Ce caractère a été merveilleusement développé
par l'auteur latin. A part quelques images un peu forcées,
Plaute emploie le style le plus incisif et le plus vrai. Euclion
est tellement ébloui par son trésor, qu'en sortant de chez lui
il recommande à une de ses esclaves, Straphila, de ne laisser
entrer personne chez lui, pas même la fortune si elle se présente :

Si bona fortuna veniat, ne intromiseris.

Peut-on pousser l'aveuglement de l'avarice plus loin.
L'avare de Plaute a le tort de se corriger à la fin et de faillir
à l'unité de caractère ; on dirait que le poète, pour faire un
compliment à son public, a dénaturé sa comédie, en la trai-
tant comme une fable sans conséquence. Molière s'est bien
gardé de tomber dans ce défaut.

La belle scène où le fils prodigue se trouve en face du père
usurier, est imitée de la *Belle Plaideuse*, de l'abbé Bois-Ro-
bert, mais il n'est guère besoin de dire de combien l'imitation
est préférable à la scène originale. Molière, dans cette pièce,
a creusé jusqu'au fond les faiblesses du cœur humain. Il a
dévoilé, dans cet intérieur de famille, les désordres auxquels
les vices des pères entraînent les enfans, et c'est avec peine
que l'on voit encore Rousseau, toujours retranché dans la
misanthropie, se refuser à comprendre cette morale. Rousseau
s'offense, parce que Valère répond à son père qui lui donne la

malédiction : « Je n'ai que faire de vos dons. » Mais cette insolence du fils est motivée par la conduite du père. Valère ne nous est pas présenté comme un modèle à suivre, mais comme un exemple de la mauvaise éducation que les fils de pères comme Harpagon, doivent naturellement recevoir. Une chose curieuse et parfaitement observée dans les comédies de Molière, c'est que les pères et les fils, les valets et les maîtres, se querellent avec violence, et que, quelques minutes après, tout le monde reparaît avec la même familiarité qu'auparavant. N'est-ce pas là ce qui se passe dans la vie ordinaire! quelle est la famille où les grands orages ne viennent à gronder et ne se dissipent avec une semblable rapidité.

La prose nous paraît mieux convenir à la comédie de l'Avare que n'eussent fait les vers; elle s'adapte plus étroitement à tous les détails de la vie ordinaire, et Molière, qui possédait un tact si sûr, ne craignit pas de lutter avec le goût d'un public ami des vers. On prétend que l'Avare en souffrit et qu'il n'eût que très-peu de succès dans sa nouveauté! Plusieurs jeux de scène consacrés par la tradition, ne manquent jamais d'egayer les representations de l'Avare. Nous en avons vu une marquée par un petit incident qui prouve que les spectateurs devraient souvent mettre un peu de réserve dans leur jugement et ne se permettre de signes d'improbation qu'à bon escient. Un débarqué de province assurément, ignorant que maître Jacques a l'habitude d'allumer dans la poche même d'Harpagon la bougie que l'avare vient de dérober afin d'en économiser les restes, s'avisa de siffler cette charge, excellente d'ailleurs. L'acteur qui jouait le rôle de maître Jacques, aurait pu, ainsi que Dazincourt, dans une occasion pareille, s'avancer vers la rampe et dire : « Messieurs, lorsque Préville jouait ce rôle, il faisait ce que je viens de faire, et il était applaudi par tout ce qu'il y avait de mieux en France! »

L'Avare fut suivi de *Georges Dandin*, pièce jouée pour la

première en 1668, à Versailles, dans une fête donnée par Louis XIV.

La pièce de *George Dandin* est une des meilleures leçons qu'on ait jamais données à la sottise orgueilleuse des gens qui recherchent une alliance déplacée, et surtout à l'imprudence de ceux qui épousent une fille sans consulter son cœur. Nous avons eu occassion de remarquer que le mariage étant une des choses les plus importantes de la vie, il serait bon d'y regarder de près, et que par une bizarrerie incroyable, la plupart des hommes donnent plus de soin à des bagatelles fugitives, qu'à cette indissoluble convention dans laquelle pourtant ils mettent leur honneur. Certaines personnes timorées ont pensé que les railleries jetées sans cesse par la comédie à la tête des maris trompés, dégradait l'institution du mariage. Nous avons déjà répondu à cette accusation. Il n'y a pas d'autre contre-poids à la cupidité qui préside si souvent au choix d'une femme. Ces sarcasmes mis dans un des plateaux de la balance, l'emportent quelquefois sur le caprice et l'amour-propre, et empêchent un homme de compromettre, dans une union mal assortie, le bonheur d'une existence entière. La comédie est donc dans son droit, ainsi que le monde, en se moquant des disgrâces des époux, et les plaisanteries dont ces quelques esprits délicats s'offensent, n'en possèdent pas moins une très haute valeur morale; elles ne cesseront même pas d'amuser tant qu'il y aura des maris trompés..., c'est-à-dire toujours... En France surtout, le pays classique dans ce genre, parce que c'est le pays où les intérêts du cœur sont le plus fréquemment sacrifiés aux intérêts de fortune ou de vanité.

Cette comédie de *George Dandin*, la plus attaquable en apparence, et la plus attaquée des comédies de Molière, du côté de la morale, trouve donc sa défense, je dirai même son apologie, dans la leçon parfaite qu'elle donne aux niais pour qui le mariage est une spéculation. Je ne vois pas pourquoi on respecterait des gens qui ont manqué à la sainteté de cette institution ; ils méritent d'être punis, et la comédie qui en fait justice accomplit une œuvre honnête et juste. Laissez-nous donc rire du malheur des Georges Dandin du théâtre et du monde. Cela sert la morale, au lieu de la blesser, et nous donne un peu de bon temps ; le rire est si rare de nos jours !

Molière a tiré sa comédie de deux nouvelles de Boccace, qu'il a réunies assez nonchalamment. Son intrigue est toujours comique, mais elle ne s'enchaîne pas avec une rigueur absolue. Il arrive souvent qu'à la fin du second acte les dames prennent leurs chapeaux, les hommes se lèvent, les portes des loges s'ouvrent, et grand est l'étonnement du public, peu familiarisé avec Molière, de voir commencer un troisième acte, qui, plein de gaîté et de comique, n'est jamais regretté par personne.

Molière, non content d'avoir représenté un homme qu'on fait médecin malgré lui, résolut de prendre le contre-pied de cette donnée comique, et de montrer un homme bien portant livré à des médecins qui veulent le traiter en malade. M. de Pourceaugnac fut cet homme, espèce de polichinelle rattaché par Molière au fil de la comédie. Cette farce est amusante; l'on y rit de bon cœur, bien que d'un rire quelquefois déshonnête, en voyant ce bon Limousin venir pour se marier à Paris, et puis s'en retourner dans sa ville, baffoué, mystifié, avec une crainte horrible d'être toujours poursuivi par une troupe de garçons apothicaire, armés des instrumens de leur profession. Cependant cette pièce ainsi que celle des *Fourberies de Scapin* dont il sera question tout à l'heure, n'offre pas une morale aussi bien arrêtée que les autres ; on dirait deux arabesques inspirées par la fantaisie et dont l'auteur a orné le fronton et les portiques du temple immortel de la raison. M. de Pourceaugnac fut représenté pour la première fois le 6 octobre 1669, au château de Chambord, devant toute la cour ; cette société choisie trouva les aventures du Limousin fort de son goût, malgré la procession des seringues. La susceptibilité de nos belles dames s'offense actuellement de ces plaisanteries, mais nos belles dames ne trouvent rien à redire au viol d'Antony.

Il faut placer ici le poëme du *Val-de-Grâce*, ou plutôt la savante épitre adressée au célèbre peintre Mignard, qui avait fait le portrait du poète ; ils se donnèrent mutuellement l'immortalité ; tels étaient les cadeaux qui entretenaient leur amitié. Molière, bien qu'il ait embarrassé son sujet de descriptions techniques relatives à la peinture, a su trouver des termes heureux pour caractériser les talens de son illustre ami.

> Dis-nous, fameux Mignard, par qui te sont versées,
> Les charmantes beautés de tes nobles pensées?
> . . . .

Mais son génie a éclaté, surtout lorsqu'il s'est agi de recommander honorablement aux bienfaits de Colbert, le grand peintre trop occupé de son art, et trop fier pour mendier des faveurs. Ces vers, empreints de tant de dignité, devraient à jamais être inscrits sur le fronton du ministère des beaux arts.

> Les grands hommes, Colbert, sont mauvais courtisans,
> Peu faits à s'acquitter des devoirs complaisans,
> A leurs réflexions tout entiers ils se donnent,
> Et ce n'est que par-là qu'ils se perfectionnent.
> L'étude et la visite ont leurs talens à part.
> Qui se donne à la cour, se dérobe à son art.

Voilà comme on parle aux Colbert!

Les *Amans Magnifiques* furent aussi composés pour la cour. Mais nous avons vu que Molière ne réussissait qu'à demi dans ce genre de pastorale héroïque, que le roi réclamait quelquefois. Il indiqua lui-même à Molière le sujet de cette pièce. Louis XIV, qui ne dédaignait pas de faire asseoir le poëte à sa table, afin d'apprendre à vivre à ses officiers, ne crut pas déroger non plus en devenant son collaborateur. Cette conduite sensée de Louis XIV rachète beaucoup de fautes que l'orgueil lui fit commettre. Les *Amants Magnifiques* n'en furent pas meilleurs, il faut bien l'avouer; c'est une pâle production, un peu forcément égayée par un rôle de fou, comme l'est la *Princesse d'Elide*, qui vaut mieux. Il s'agit d'un jeune guerrier de condition obscure, qui gagne le cœur d'une grande princesse, et l'on prétend que Molière fit allusion aux amours de Mademoiselle pour Lauzun. C'était, de la part de Molière, un assez mauvais tour joué à son puissant collaborateur, puisqu'après des hésitations, Louis XIV s'opposa formellement au mariage de Lauzun, et fit emprisonner le fier et fougueux prétendant. Molière, dans cette pièce, attaque vivement l'astrologie judiciaire, qui était encore en vogue de son temps. On trouve dans cette comédie une imitation agréable de l'ode d'Horace *donec gratus eram*. Les *Amans Magnifiques* furent représentés devant le roi, à Saint-Germain-en-Laye, en 1670.

> Quel abus de quitter le vrai non de ses pères!

S'écrie le sage Chrisalde de l'*Ecole des Femmes*. Molière, dès alors, frappé des prétentions à la noblesse, manifestées par un grand nombre de bourgeois, commençait à attaquer ce ridicule si commun de son temps, et même du nôtre, où les titres ont beaucoup perdu de leur valeur. Dans la comédie de *George Dandin*, il se moqua, ainsi que nous l'avons vu, des imbécilles qui, au lieu de prendre une femme de leur condition, épousaient des demoiselles de qualité dont leur soumission n'obtenait que du mépris. Il a voulu, en composant le *Bourgeois Gentilhomme*, donner une leçon aux roturiers qui servaient de jouet et de dupe aux grands seigneurs, lesquels consentaient quelquefois, comme Moncade, à *s'encanailler* pour rétablir leur fortune endommagée, ou, comme Dorante, se faisaient un revenu des prodigalités insensées de leurs niais imitateurs. Molière eut raison de stigmatiser ceux qui prétendaient sortir de leur rang, non pas par un juste orgueil, mais par une sotte vanité : espèce d'hermaphrodites n'appartenant à aucune classe. En ce temps, il y avait la ville et la cour, deux pays voisins, mais de mœurs différentes, et ordinairement à l'état d'hostilité ! De chaque côté, on se faisait une guerre de maraudeurs ; les bourgeois s'enrichissaient par le petit commerce, aux dépens de leurs illustres et insouciantes pratiques ; les gentilshommes compensaient le déficit ouvert dans leur fortune par les extorsions des marchands, en plumant sans scrupule les oisons de l'espèce de M. Jourdain, qui leur tombaient entre les mains.

Le *Bourgeois gentilhomme*, qu'on a considéré comme une farce, à cause de la réception grotesque du *Mamamouchi*, n'en est pas moins une excellente comédie, égale aux autres chefs-d'œuvre de Molière. On ne trouve nulle part un comique plus abondant. M. Jourdain, entouré de ses divers maîtres, intéressés à faire valoir leur art, et mettant sa robe de chambre pour mieux entendre un air, est le personnage le plus amusant du monde ; de quelle empreinte profonde le génie de Molière a su caractériser cette Nicole, dont le rire est si franc, servante qui ne le cède en rien à Martine, non plus qu'à Dorine ; et quelle admirable figure que celle de Mme Jourdain, dont le bon sens emprunte une sagesse éternelle à la femme de Sancho Pança. Cette comédie, jouée à Chambord devant le roi le 14 octobre 1670, n'eût de succès qu'à la seconde représentation, parce que le roi ne s'était pas prononcé dès la première. Tous les courtisans, qui s'étaient raillés de Molière dans l'intervalle, le félicitèrent à qui mieux mieux dans la suite, voilà les courtisans !

Ce serait une grande absurdité, surtout dans le temps où nous vivons, de prendre à la lettre les plaisanteries de Molière, et de prétendre que chacun doit rester invariablement sur le degré de l'échelle sociale où il est né ; de même que le plus inconnu de nos soldats porte suivant une expression vulgaire consacrée par la victoire, un bâton de maréchal dans sa giberne ; de même, il n'est pas si mince avocat, si petit financier, si obscur journaliste, qui ne puisse avoir la noble ambition de devenir influent dans les affaires de son pays et de monter au sommet des honneurs. Cela s'est vu aussi, cela peut se voir encore, et nul n'a le droit de s'en plaindre ; c'est la loi de l'intelligence qui est faite pour dominer ce monde, et dont Molière, plus que personne, a hâté le progrès. N'était-il pas lui-même un exemple frappant du pouvoir moral de la capacité, lui qui, fils d'un tapissier, vivait dans l'intimité du monarque le plus orgueilleux et le plus absolu de la terre.

Dans *Don Juan*, Molière avait commencé à poursuivre sérieusement la noblesse oisive, vaniteuse, libertine, attaquée déjà dans l'*Impromptu de Versailles* ; dans *le Bourgeois gentilhomme*, et plus tard encore, dans *la Comtesse d'Escarbagnas*, il devait frapper cette noblesse plus fortement encore. Tout en se moquant des travers de la bourgeoisie, il montrait une grande prédilection pour cette classe à laquelle il appartenait, il contribuait puissamment à son émancipation. Molière s'est servi souvent du mot de *caution bourgeoise*, pour caution solvable, et l'on comprend que c'était voir dans la bourgeoisie la probité du temps. La bourgeoisie s'est perdue, comme la noblesse, par le vanité, le luxe et les plaisirs, et l'avénement du peuple a commencé. Ainsi marchent les sociétés.

Si Molière est le Dieu de la nouvelle société française, cela peut s'expliquer en deux mots. Molière est l'anneau qui rattache le seizième siècle au dix-huitième, Montaigne à Voltaire, tandis que Corneille terminait sa carrière par la traduction en vers de l'*Imitation de Jésus-Christ*, et que Racine quittait par dévotion le théâtre où le rappelaient seulement deux chefs-d'œuvre religieux. Molière conservait la tradition réformatrice; il appuyait la morale sur la base des sentimens naturels, et non sur l'incertitude des révélations : là se trouve toute la philosophie.

Nous glisserons légèrement sur la tragédie-ballet de *Psyché*, destiné à embellir le carnaval de 1671, et que Molière composa en collaboration avec Quinault et le grand Corneille. On sait que la déclaration que l'amour fait à Psyché, est de la main de l'auteur de *Rodogune* et de *Cinna*; on a déjà cité plusieurs fois ces vers charmans :

> Je suis jaloux, Psyché, de toute la nature,
> Les rayons du soleil vous baisent trop souvent,
> Vos cheveux souffrent trop les caresses du vent :
> Dès qu'il les flattent, j'en murmure,
> L'air même que vous respirez
> Avec trop de plaisir passe par votre bouche,
> Votre habit de trop près vous touche,
> Et sitôt que vous soupirez,
> Je ne sais quoi qui m'effarouche,
> Craint parmi vos soupirs, ces soupirs égarés.

Corneille avait soixante-cinq ans lorsqu'il écrivit ces tendres vers. Apulée est le premier qui ait raconté dans son roman de l'*Ane d'or* la délicieuse fable de *Psyché* et de *Cupidon*, dans laquelle les philosophes ont voulu voir un mystère religieux, et qui n'est qu'une ravissante allégorie des tourmens que peut causer la curiosité soupçonneuse, défaut ordinaire des amans. Psyché, qui fait s'envoler son céleste époux, irrité qu'on ait douté de lui, Psyché, qui se réhabilite à force de cruelles épreuves, est la plus adorable image que l'antiquité nous ait tracée, d'un sentiment indiscret et jaloux.

Les *Fourberies de Scapin* furent jouées, sur le théâtre du Palais-Rayal, le 24 mai 1671.

Boileau, qui avait tant de rectitude d'esprit, est pourtant tombé dans une grande erreur à l'égard de Molière en écrivant ces vers si connus :

Dans le sac ridicule où Scapin s'enveloppe,
Je ne reconnais pas l'auteur du *Misanthrope.*

Il a eu deux fois tort et pour le fond et pour la forme. Les *Fourberies de Scapin* ne sont pas une farce grossière ; elles contiennent d'excellens traits de comédies, et la preuve que Molière destinait cette pièce aux gens de goût, c'est qu'il a imité beaucoup de passages du *Phormion* de Térence. Il ne se serait pas donné la peine de faire une étude pareille, et d'offrir en quelque sorte un tableau de la comédie antique, pour complaire uniquement à la foule. S'il ne se rapproche guère dans ce travail du genre du *Misanthrope*, c'est qu'on ne représente pas un satyre comme un Hercule, et qu'il a suivi les lois de son art.

Boileau n'a pas même exprimé sa pensée avec sa netteté habituelle ; on dirait que le génie des vers a voulu le punir de son injustice, en lui refusant la clarté et la précision. Ce n'est pas d'abord Scapin qui *s'enveloppe* dans un sac. C'est Scapin qui enveloppe Géronte, afin de le battre à son aise, et que veut dire ensuite cette phrase : *Je ne reconnais pas l'auteur du Misanthrope dans le sac où Scapin*..... Pour que l'image de Boileau eut quelque justesse, il fallait qu'elle s'appliquât à Molière seul, et que ce fût l'auteur du *Misanthrope* qui s'enfermât dans le sac.

L'admirable bon sens de Molière se mêle à toutes les folies de cette pièce, et les domine hautement. Lorsque Scapin cherche à excuser auprès d'Argante le mariage de son fils et dit qu'il a été poussé par sa destinée. Argante répond : *« Ah ! voici une raison la plus belle du monde. On n'a plus qu'à commettre tous les crimes imaginables, tromper, voler, assassi-*

ner, et dire pour excuse qu'on y a été poussé par sa destinée!...»
Que répliquerait de mieux Alceste ; cependant Argante est
tant soit peu Cassandre. On lui en fait accroire aisément.

La *Comtesse d'Escarbagnas*, qui suivit les fourberies de
Scapin, n'est point un chef-d'œuvre ; mais dans cette comédie
telle qu'elle est, incomplète et précipitée, le traits du grand
maître se font reconnaître. Si le dessin n'en est pas très-
correct, le coloris s'y retrouve. Représentée autrefois à St-
Germain-en-Laye, dans un divertissement royal, intitulé:
le *Ballet des ballets*, on sent que, livrée à elle-même,
cette pièce n'a plus les dimensions convenables. Quoiqu'elle
ait été jouée sans intermèdes sur le théâtre du Palais-Royal,
du temps de Molière, sa fortune n'a jamais été bien grande.
La licence des réflexions, occasionnées par une citation latine, que les comédiens de nos jours ont sacrifiée, avec raison, aux bienséances publiques, influait beaucoup sur son
succès ; quoique les oreilles d'alors fussent plus toléran-
tes que les nôtres, sauf celles de ces dames si précieuses,
que Molière a ridiculisées encore dans les *Femmes savantes*,
ce passage dût paraître aussi scandaleux que le fameux LE de
l'Ecole des Femmes. Je voudrais bien savoir comment notre
auteur se serait tiré de son latin s'il avait fait la critique de
la *Comtesse d'Escarbagnas*.

A part ces défauts que le génie de Molière n'a pas besoin
qu'on cherche à dissimuler, les personnages de la comtesse,
du conseiller Thibaudier, et de Monsieur Harpin, le rece-
veur des tailles, sont parfaitement tracés. La *Comtesse d'Escarbagnas*, moins la verve d'exécution, est le pendant des
Précieuses ridicules. Ce sont les prétentions du bel air après
les prétentions du bel esprit. La comtesse qui prend Martial,
l'auteur des épigrammes, pour un faiseur de gants en renom,
ne se trompe pas sur le privilège des rangs; elle sait faire apporter au conseiller un pliant, tandis qu'on donne une chaise
au vicomte. Mais un caractère qui ne se rencontre pas dans

les autres comédies de Molière, c'est celui de M. Harpin. Molière, quoique ami du roi, n'en était pas moins l'*ami du peuple*, et il se souvenait parfois d'où il était sorti. Il avait besoin d'exercer sa verve sur ces airs de cour qu'il lui fallait supporter : la fatuité des hommes, nous l'avons déjà fait remarquer, et la coquetterie des femmes lui étaient à charge, et il secouait le fardeau dès qu'il le pouvait. Tantôt il se faisait grand seigneur, et sous le nom d'Alceste, il traitait les marquis du haut en bas ; tantôt sous la forme grossière de M. Harpin, il apprenait à vivre aux comtesses infatuées de leur rang. Le fils du tapissier reparaît plus que jamais dans M. Harpin, et cette vigoureuse sortie contre une coquette titrée devait plaire singulièrement au bon peuple de ce temps-là. On a beaucoup débattu, dans ces derniers temps, la question de savoir si le sentiment populaire était resté, parmi le grand monde, vivace au fond du cœur de Molière, et cela ne paraît pas douteux pour qui lit ses œuvres avec soin. N'avez-vous pas vu les ridicules du Bourgeois gentilhomme et de Georges Dandin largement compensés par le bon sens de madame Jourdain et par les remords du *Mari confondu* ? Ne sont-ce pas deux leçons vertement données à une classe que Molière est fâché de voir s'entêter des absurdes préjugés de la noblesse, dont il fait en même temps la critique la plus amère ?

Voici maintenant le troisième des grands chefs-d'œuvre en vers, de Molière, les *Femmes Savantes*.

Parfaite de conduite et de dénouement, cette pièce l'est aussi de versification ; mais, quoique le ridicule qu'elle condamne existe de notre temps comme du temps de l'auteur, et que nous ne manquions ni de Trissotins, ni de Vadius, ni surtout de femmes atteintes de la manie d'écrire (à aucune époque il n'en est éclos davantage), elle ne touche pas autant que le *Misanthrope*, le *Tartufe*, l'*École des Femmes*, parce qu'elle n'est point prise dans des idées générales , et qu'elle est marquée en quelque sorte d'un cachet d'individualité. C'est une vengeance de Molière, une satire personnelle du grand homme, et, sans le charme du style, on s'apercevrait d'une certaine langueur dans l'action.

Molière n'a pas stigmatisé seulement un défaut de son temps il a donné une leçon éternelle ; il est revenu encore sur les devoirs de la femme; il, a enfin établi sa véritable condition sur la terre; il trouve que Dieu avait bien raison de défendre à l'Eve du paradis terrestre de toucher à l'arbre de la science; mais comme les filles d'Eve possèdent depuis lors la connaissance du bien et du mal, il veut que la complète innocence de la mère du genre humain soit remplacée par une instinctive pudeur. Selon lui, une fille doit non-seulement s'abstenir de philosopher, mais il faut encore qu'elle sache parfaitement se connaître aux choses du ménage. Molière est intraitable là-dessus. N'allez pas croire qu'il veuille que les filles, jusqu'au mariage, s'informent si les enfans se font par l'oreille, comme Agnès le demande à Arnolphe. Henriette, la charmante amoureuse des *Femmes savantes*, est bien éloignée de cette ignorance. Entre la niaiserie et une intelligence trop émancipée, il y a un milieu à prendre en se servant de la raison pour compas.

Henriette est la création de Molière la plus nettement posée peut-être! Parfaitement sage, au milieu d'un entourage à demi fou, honnête sans puderie, spirituelle sans licence, ferme sans ostentation, elle résume toutes les séductions de son sexe. Elle a accepté les vœux de Clitandre, quoique Clitandre se soit d'abord adressé à sa sœur Armande, car elle connaît le monde ; elle sait que les cœurs faits l'un pour l'autre ne se rencontrent pas du premier coup, mais qu'une fois accrochés comme les atômes d'Epicure, ils ne se quittent plus. Les amours de Clitandre et d'Henriette respirent une douce poésie de l'ame : ces natures si franches, si fidèles, si sûres d'elles-mêmes, relèvent l'espèce humaine à nos yeux. Elles mettent en quelque sorte la réalité d'accord avec ces idées de convenance, de grace et d'heureuses proportions qui sont le point de départ de tout esprit bien fait. On peut regarder Henriette comme le modèle d'une fille accomplie. Toutes les qualités qu'un honnête homme souhaite de rencontrer dans la femme qu'il épouse se trouvent réunies en effet chez cette belle, sage et spirituelle personne. Un fond admirable de bon sens l'a empêchée de se gâter au contact de sa sotte et précieuse famille; la raison, poussée jusqu'à l'idéal par le mélange d'une tendresse convenable et réfléchie, l'élève à la poésie, et en fait un type de perfection. Forcée de se marier avec un niais du genre d'Orgon, elle serait aussi noble, aussi chaste qu'Elmire, elle se résignerait à son sort ; mais épousant celui qu'elle a choisi entre tous, et qui est si bien fait pour l'apprécier, elle semble destinée à mettre en relief ce qu'il peut y avoir de bonheur sur la terre dans une union assortie par l'amour et par la sympathie. Henriette a de vingt-et-un à vingt-quatre ans. Sa répartie est trop vive, et elle sait trop de choses pour qu'on la considère ainsi qu'un enfant. La liberté et l'aplomb avec lesquels elle parle du mariage, *et de tout ce qui s'ensuit*, comme dit sa sœur Bélise, prouve qu'elle n'est ni ignorante ni prude ; en outre, la fermeté qu'elle montre atteste une certaine maturité d'esprit qu'une fille qui ne doit surtout qu'à elle seule son éducation, ne peut guère posséder qu'après vingt ans.

Telle est Henriette à nos yeux. Ce rôle a beaucoup d'écueil pour les jeunes actrices. Il y faut de la franchise et non de la coquetterie, de la puissance et non de la subtilité. Ce n'est point un rôle secondaire que celui-là. Il domine les autres, même dans la scène où la jeune fille assiste silencieusement à la risible conversation de Trissotin et des pédantes qui se pâment d'aise à ses vers. Ce n'est pas, en un mot, une espiègle qui s'amuse à faire enrager sa sœur après lui avoir enlevé son amant avec malice ; c'est une fille sensée qui se défend par la raillerie, de la mauvaise humeur d'une rivale abandonnée, et qui respecte sa mère malgré des travers d'esprit, et son père malgré certaine faiblesse de caractère qu'elle condamne. Henriette, forcée d'être présente à la lecture des œuvres de M. Trissotin, ne doit pas témoigner son dépit avec trop d'humeur, de peur d'être impertinente à l'égard de sa mère, et, d'un autre côté, il faut que le spectateur voie l'ennui qu'elle éprouve, et la profonde pitié qu'elle a pour ces dissertations précieuses. De temps en temps, les choses que l'on dit sont si complètement ridicules, que le sourire effleure les lèvres d'Henriette, mais elle n'ose hausser les épaules, et sa physionomie seule exprime son impatience ou sa moquerie. Songez qu'Henriette est amoureuse et que Clitandre n'est pas là. Le public ordinaire ne prend pas garde peut-être à cette pantomime, parce qu'il est toujours absorbé [par le plaisant entretien de Trissotin et des femmes savantes, et qu'il ne s'aperçoit guère de la présence d'Henriette, que lorsque sa mère lui dit :

> Quoi ! sans émotion pendant cette lecture.

Mais les habitués du théâtre savent beaucoup de gré aux actrices qui font ressortir toutes ces nuances.

Quelques vers, à la fin du troisième acte, prononcés par le vieux Chrysalde dont le bon sens est entaché d'une terreur conjugale si comique, ne manquent jamais de produire sur nous une douce impression. Voici ces vers que nous aimons et que d'autres personnes auront remarqués sans doute aussi. Chrysalde se détermine à faire un coup d'autorité et à marier de lui-même sa fille à Clitandre, il dit à ce dernier :

> Allons, prenez sa main et passez devant nous ;
> Menez-la dans sa chambre ; ah ! les douces caresses !...

(A Ariste.)

Venez ; mon cœur s'émeut à toutes ces tendresses ;
Cela regaillardit tout-à-fait mes vieux jours,
Et je me ressouviens de mes jeunes amours....

Ce retour du vieillard sur les passions de la jeunesse est un de ces mouvemens du cœur que le génie seul ne trouverait pas.

« C'est un grand impertinent que votre Molière avec ses comédies, et je le trouve bien plaisant d'aller jouer d'honnêtes gens comme les médecins. » Voilà ce que Molière fait dire au malade imaginaire, et le vieil Argan n'a peut-être pas tout-à-fait tort. Il était difficile de pousser l'impertinence plus loin. Après le *Fagotier* et *M. de Pourceaugnac*, ces deux pièces où dans l'une on force un homme à être médecin, et dans l'autre on veut qu'un bon vivant soit malade, il ne restait plus qu'à peindre les travers d'un malade imaginaire. L'auteur n'y a pas manqué. Il l'a fait avec des traits profonds ; il a buriné ce portrait comme celui de l'avare, mais sans avoir derrière lui cette fois de modèle fourni par l'antiquité. Lorsque Argan s'écrie : *M. Purgon m'a dit de me promener le matin dans ma chambre douze allées et douze venues ; mais j'ai oublié à lui demander si c'est en long ou en large.* Et lorsqu'il demande : *Combien est-ce qu'il faut mettre de grains de sel dans un œuf ;* Il n'est personne qui ne fasse un retour sur soi-même, et qui ne s'avoue en rougissant, avait été capable de quelque extravagance de la sorte, lorsque la maladie est venue l'éprouver. Molière a attaqué vivement la faiblesse la plus inhérente à l'humanité, l'amour exagéré de la vie, et sa dernière pièce fut l'œuvre la plus philosophique de son génie.

Ce n'est pas que nous blamions certes l'attachement à l'existence, mais tout ce qui tend à établir la prééminence du corps sur l'ame, des besoins naturels sur les facultés de l'esprit, mérite d'être énergiquement combattu. Cependant Molière nous semble avoir cette fois dépassé le but. Dans la grande scène de Beralde et d'Argan, la médecine est attaquée, non plus par des plaisanteries, mais par des raisonnemens. Beralde ne demeure pas complètement victorieux ; la médecine, au fond, est une science beaucoup moins problématique que ne le dit Molière ; s'il est louable de ridiculiser l'ignorance de certains médecins, on doit du respect aux connaissances que l'expérience et l'étude ont acquises, et qui permettent d'alléger les souffrances humaines. La médecine, en s'appuyant sur l'anatomie, a fait du reste des progrès immenses, elle est arrivée à un degré de certitude qu'elle n'avait pas du temps de Molière : c'est là ce qu'on peut dire en sa faveur, sans donner trop d'autorité à cet axiome de Descartes : *Si la lumière arrive un jour aux hommes, c'est de la médecine qu'elle viendra.*

Je ne sais pourquoi le Théâtre-Français semble avoir consacré le *Malade imaginaire* à l'anniversaire de Molière, lorsque cette pièce, rappelle au contraire, sa mort, qui en suivit la quatrième représentation. C'est une des plus vraies, mais en même temps une des plus désespérantes du théâtre de ce grand peintre de mœurs. Le spectale d'une monomanie dans le rôle d'Argan et le tableau des plus mauvais sentimens du cœur humain dans celui de Beline, arrêtent souvent le rire sur les lèvres, On n'est consolé que par la bienséance parfaite d'Angélique, cette dernière sœur de la Marianne du *Tartufe.* Le rôle de la petite Louison elle-même, quelqu'espiègle qu'elle soit, déplaît par une dissimulation précoce qui *fait qu'elle joue à la morte.* si nous pouvons nous exprimer ainsi, avec beaucoup trop de facilité.

La supercherie inspirée par Toinette au malade imaginaire, ce conseil de faire le mort à l'imitation de la petite Louison, pour éprouver sa femme, nous rappelle un trait de la vieillesse de Lauzun, trait fort comique, rapporté par le duc de Saint-Simon :

«Un jour qu'on tenait M. de Lauzun fort mal, M. de Biron et sa femme, fille de Nogent, se hasardèrent d'entrer, sur la pointe du pied, et se tinrent derrière ses rideaux hors de sa vue; mais il les aperçut par la glace de sa cheminée, lorsqu'ils se persuadaient n'en être ni vus, ni entendus. Le malade aimait assez M. de Biron, mais point du tout sa femme, qui était pourtant sa nièce, et sa principale héritière. Il la croyait fort intéressée, et toutes ses manies lui étaient insuportables; il fut choqué de cette entrée subreptice dans sa chambre, et comprit que, impatiente de l'héritage, elle venait pour tâcher de s'assurer, par elle-même, s'il mourrait bientôt. Il voulut l'en faire repentir et s'en divertir d'autant. Le voilà donc qui se prend tout d'un coup à faire tout haut, comme se croyant tout seul, une oraison jaculatoire, à demander pardon à Dieu de sa vie passée, à s'exprimer comme un homme bien persuadé de sa mort prochaine, et qui, dans la douleur où son impatience le met, veut au moins se servir de tous les moyens que Dieu lui a donnés, pour racheter ses péchés et léguer tous ses biens aux hôpitaux, sans aucune réserve; que c'est l'unique voie que Dieu lui laisse pour faire son salut, après une si longue vie passée sans y avoir jamais songé comme il le faut, et remercier Dieu de cette unique ressource qu'il embrasse de tout son cœur. Il accompagne cette prière et cette résolution d'un ton si touché, si persuadé, si déterminé, que M. de Biron et sa femme ne doutèrent pas un moment qu'il n'allât exécuter ce dessein, et qu'il ne fussent privés de toute la succession. »

Quelle excellente scène de comédie ! C'étaient là les auditeurs de Molière ! Le même duc de Lauzun disait, d'un autre côté, à son confesseur, toutes les fois qu'il touchait cette question des legs et des dons pieux : *parlez-moi latin, mon père, parlez-moi latin.*

Tel fut Molière, ce grand censeur des vices de son temps, lui qui sut trouver le ridicule de chaque chose, et s'attacha si exactement à la nature, qu'aucun peintre n'en a saisi le caractère avec plus de vérité. Molière mort, les éloges ne tarirent pas, ni les épigrammes non plus. Il avait succombé en représentant le Malade imaginaire, et les petits auteurs, ses rivaux, firent une foule de jeux de mots sur ce qu'ayant voulu jouer la mort, c'était la mort qui l'avait joué. Ses amis le pleurèrent comme homme et comme auteur. Le comédien Brécourt, dans une pièce intitulée l'*Ombre de Molière*, ou il met le poète comique aux prises avec tous les personnages dont il s'est moqué, a laissé de notre auteur cet honnête portrait : « Il était dans son particulier ce qu'il paraissait dans la morale de ses pièces : honnête, judicieux, humain, franc, généreux. » Le père Rapin a fait sur le théâtre moderne une réflexion pleine de justesse, qui prouve la supériorité de Molière sur ses devanciers : « Les anciens poètes comiques n'ont que des valets pour plaisans de leur théâtre, dit-il ; et les plaisans du théâtre de Molière sont les marquis et les gens de qualités. Les autres n'ont joué dans la comédie que la vie bourgeoise et commune, et Molière a joué Paris et la cour. »

De toutes les épitaphes composées en l'honneur de Molière, celle que fit La Fontaine a le plus de grâce et de mérite.

Sous ce tombeau gisent Plaute et Térence ;
Et cependant le seul Molière y gît :
Leurs trois talens ne formaient qu'un esprit,
Dont le bel art réjouissait la France.
Ils sont partis, et j'ai peu d'espérance
De les revoir malgré tous nos efforts :
Pour un long temps, selon toute apparence,
Térence et Plaute et Molière sont morts.

Ne sent-on pas là toute l'âme poétique du *bon homme?*

L'archevêque Harlay de Champvalon refusa la sepulture à Molière : sans cette inique exclusion, l'archevêque Harlay de Champvalon aurait été à tout jamais ignoré. Pour avoir porté une main injurieuse sur les restes de Molière, il s'est trouvé immortel lui-même. Voilà un bonheur que ne lui aurait pas valu sa sainteté. Molière ne manqua pas, du reste, des secours de la religion ; il mourut comme on le sait, entre les bras de deux sœurs de la charité, anges qui vinrent s'agenouiller auprès de son fauteuil. Il expira le 17 février 1673.

Les contemporains de Molière l'ont dépeint comme un homme porté à la mélancolie, et les esprits ordinaires s'étonnent de cette disposition chez un poète comique. Lorsqu'on recueille en soi l'humanité, ainsi que le faisait Molière, et qu'on est allé au fond de toute chose, on ne peut pas avoir la face épanouie de Dancourt, par exemple, dont les ouvrages n'ont été qu'un reflet des modes du jour. Dans le buste de marbre, que possède la galerie du Théâtre-Français, le sculpteur Houdon a merveilleusement rendu la physionomie de Molière. Ce regard triste et doux, les lignes si pures du visage, cette tête un peu penchée, nous font bien reconnaître l'observateur et l'ami des hommes. C'est bien là ce comédien qui mourut sur son théâtre, parce qu'il voulut être utile à sa troupe jusqu'à ces derniers instans. Le buste de Molière est, sans contredit, par son expression et par le fini de son exécution, un des plus beaux monumens de la sculpture française.

DANCOURT.

Florent Carton Dancourt, ou plutôt d'Ancourt, naquit à
Fontainebleau le 1er novembre 1661. Il descendait d'une famille noble dont un des membres avait été honoré en Angleterre de l'ordre de la Jarretière. Le jeune Dancour fit ses études à Paris, au collége des Jésuites, sous le père La Rue,
qui, lui trouvant de la vivacité d'esprit, essaya de l'attacher à
sa compagnie; mais l'élève ne montra pas des dispositions
religieuses : après sa philosophie, il étudia le droit, et fut reçu
avocat. Il avait alors dix-sept ans. L'amour qu'il conçut ensuite pour une comédienne, nommée Thérèse-Lenoir Tho-
rillière, sœur du dernier comédien de ce nom, le brouilla
avec sa famille; et n'ayant plus de ressource que le théâtre,
il prit le parti de s'y réfugier, afin d'épouser sa maîtresse. A
partir de ce moment, Dancourt devint acteur et auteur, et se

fit distinguer de la ville et de la cour dans ces deux professions. Il obtint la bienveillance particulière de Louis XIV. On en cite deux traits qui nous paraissent les plus naturels du monde ; mais qui, dans ce temps de royauté divine et de pouvoir absolu, passaient pour des marques d'une faveur insigne. Dancourt avait coutume de lire ses ouvrages au roi, dans le cabinet même de ce haut protecteur, et l'on raconte qu'un jour s'y étant trouvé mal, le roi prit lui-même la peine d'aller ouvrir une fenêtre pour lui faire prendre l'air. Une autre fois, le comédien avait l'honneur de parler au roi sur les intérêts de sa troupe, au moment où Sa Majesté sortait de la messe ; comme il marchait à reculons, et qu'un escalier se trouvait derrière lui, le roi eut la bonté de le retenir par le bras en lui disant : Prenez garde, Dancourt, vous allez tomber ! Ces deux traits de *grandeur d'âme* de la part de Louis XIV ont fait jusqu'ici l'admiration des biographes de Dancourt. Dégoûté du théâtre vers l'année 1718, il le quitta pour se retirer dans sa terre de Courcelles-le-Roi, en Berri, et là il ne s'occupa plus que du soin de son salut. Il composa alors une traduction des psaumes de David et une tragedie sainte. Il mourut le 6 décembre 1725, et fut enterré dans un tombeau qu'il avait fait construire lui-même au sein de la chapelle de son château.

Nous avons recherché d'abord avec soin, dans les œuvres de Dancourt, dont l'édition la plus complète est sous nos yeux, quelques souvenirs de Molière. Nous étions curieux de voir comment ce grand homme avait été apprécié par ses successeurs immédiats, par tous ces capitaines d'Alexandre, qui se partagèrent un héritage trop fort pour chacun d'eux. Dancourt, nous en avons acquis la preuve, connaissait bien toute la distance qui existait entre lui et Molière. Il avait compris la difficulté de l'égaler ; il ne s'est pas servi du même procédé que lui, de peur de rester au-dessous du modèle. C'est par de larges traits empruntés à la nature que le pinceau de Molière a composé ses grands tableaux ; ne demandez à Dancourt que des portraits de fantaisie. Le premier a fait poser devant lui l'humanité entière, et le second les hommes de son siècle, en prenant un calque fidèle et léger des caprices du jour, des ridicules du moment. Les comédies de Dancourt, indépendamment de leur mérite littéraire, offrent une peinture de mœurs très-curieuse à observer. Si l'on veut bien connaître le siècle de XIV, et savoir par quelle pente la France de la Fronde est descendue à celle de la régence, il faut dans la dernière partie du dix-septième siècle, prendre pour guide notre auteur.

Dans le peu d'années qui séparent Molière de Dancourt, les mœurs avaient prodigieusement changé ! Le luxe et le faste de la cour ayant ruiné un grand nombre de gentilshommes, le sentiment de la noblesse qui avait soutenu la dignité de leurs pères, s'effaçait insensiblement pour faire place au désir de la richesse ; les financiers prospéraient, leur règne allait commencer ; les bourgeois, enflés d'orgueil, sacrifiaient leurs écus à des alliances par lesquelles ils croyaient relever leur naissance ; la France était peuplée de Georges Dandin. Les marquis, les chevaliers, plus disposés encore que les filles nobles à exploiter ces vanités roturières, dérogeaient sans difficulté pour payer leurs dettes, et faire une certaine figure dans le monde, c'est-à-dire pour jouer au lansquenet et s'habiller galamment. Une foule d'intrigans se parant d'un titre mensonger, spéculaient sur les dispositions, et, selon le langage des comédies du temps, se *brouillaient avec la justice*, à force de s'être joués de la crédulité et de la sottise publiques.

Tel est le monde de Dancourt ; comme nous sommes loin de celui de Molière ! Alceste, Cléante, Valère, hommes de tant de cœur et d'esprit ! où êtes-vous ? Elmire, Henriette, Mme Jourdain, honnêtes femmes de tant de bons sens, qu'êtes-vous devenues ? la brillante Célimène a disparu elle-même.

Cette coquetterie spirituelle et décente est remplacée par la galanterie, ou, plus déplorablement encore, par une espèce d'escroquerie pareille à celle des chevaliers. De grandes dames, résistant par calcul, lèvent des impôts sur les empressemens de leurs adorateurs ; elles *plument* les gens de robe et de finance, pendant que les gens d'épée vivent aux dépens des bourgeoises.

Ouvrez la pièce du *Chevalier à la mode*, la meilleure de Dancourt, intrigue, caractères, style, tout y est parfait ; mais quelles mœurs ! Voici le portrait qu'un des personnages trace du chevalier de Ville-Fontaine, le héros de la pièce. « C'est un caractère d'homme tout particulier : il a, comme je vous l'ai dit, cinq ou six commerces avec autant de belles, il leur promet tour à tour de les épouser, suivant qu'il a plus ou moins d'affaires d'argent ; l'une a soin de son équipage, l'autre lui fournit de quoi jouer , celle-ci arrête les parties de son tailleur, celle-là paie les meubles de son appartement, et toutes ses maîtresses sont comme autant de femmes qui lui font un gros revenu. » Le caractère est joli, assurément? Celui de Mme Patin, la dupe du chevalier, n'est pas moins curieux.

Madame Patin est une bourgeoise qui souhaite ardemment de se vêtir de quelques oripeaux de noblesse, afin d'avoir droit au respects de la foule et de prendre le haut du pavé, sans qu'on y trouve rien à redire. Il faut voir comme elle est furieuse contre une *gueuse* de marquise (c'est son expression), qui avec un vieux carrosse traîné par deux chevaux étiques, lui a fait rebrousser chemin, à elle dont le carrosse est doré, dont les chevaux gris-pommelé ont de longues queues, dont le cocher a une barbe retroussée digne du *cocher de la reine de Saba*. Cela lui paraît intolérable ; aussi soupire-t-elle après le moment où le chevalier de Ville-Fontaine lui donnera le droit de faire dévisager les gens de la marquise par le fouet de son cocher. Que dites-vous de ce naturel de femme?

Le jeu faisait l'occupation favorite de cette société dissipée ! beaucoup de maisons ouvraient en quelque sorte des académies, où tout ce qu'il y avait d'extravagans, d'oisifs et de fripons se faisait bien-venir. Cette manie prit un caractère si violent, que la police fut obligée de s'en mêler. Un arrêt défendit le lansquement, le jeu en vogue. Dancourt qui se tenait à l'affut des événemens comiques du jour, a peint dans une de ses pièces intitulée la *Désolation des joueuses*, la consternation que firent naître ces réglemens qui troublaient un si grand nombre d'existences subsistant par le jeu. La façon dont en parle Dancourt est pleine de gaîté.

Eraste : Il est sûr qu'on n'a point fait assez de réflexions sur les inconvéniens qui en peuvent arriver. Il faut savoir à combien de choses et à combien de gens le lansquenet était utile.

Clitandre : Cela passe l'imagination.

Eraste : Une dame recevait-elle un bijou considérable de quelque amant, le mari n'avait rien à dire ; la dame l'avait gagné au lansquenet.

La comtesse : Il a raison, cela était commode.

Éraste : Un fils de famille empruntait à grosses usures, faisant une dépense enragée ; le père ne s'embarrassait pas de cela. Il admirait le bonheur de son fils, et l'utilité du lansquenet.

L'intendante : Cela est vrai, madame ; il y a mille gens intéressés dans cette affaire, et il faut représenter toutes ces choses-là.

Eraste : Moi qui vous parle, moi je suis à présent l'homme du monde le plus embarrassé.

Clitandre : Comment donc ? que vous importe à vous que le lansquenet soit défendu ? vous ne jouez quasi-point, non plus que Dorante.

Eraste : Cela est vrai ; mais on croyait que je jouais du moins, et le lansquenet me servait à ménager la réputation de vingt femmes que je considère, et quelques dépenses que je fisse, on en faisait honneur au lansquenet.

La comtesse : Hé bien ! voilà vingt femmes perdues de réputation. Madame, on n'a point pensé à cela, assurément.

Cette scène est piquante, et ajoute un trait au tableau des mœurs du temps. Les femmes étaient si joueuses alors, que Dancourt revient souvent sur ce défaut. Dans la *Femme d'intrigues*, agitant une question renouvelée dernièrement par un spirituel écrivain, à savoir que l'on a exclu injustement les femmes de l'Académie, Dancourt met à leur admission les restrictions suivantes : « Des femmes à l'Académie ! oh ! oh ! il faudrait donc du moins se garder de leur donner des jetons, car, au lieu de travailler au Dictionnaire, elles joueraient à l'ombre et à la bassette. »

Il est bien vrai que Molière, dans le rôle de Dorante du *Bourgeois Gentilhomme*, avait déjà pris le caractère du *Chevalier à la Mode*, et qu'il avait laissé entrevoir les fils qui dupont leur père et rejettent les frais de leur toilette sur les gains du jeu ; mais à côté de ces personnages équivoques se trouvent les plus honnêtes gens de la terre. Il n'en est pas de même dans les comédies de Dancourt.

La pièce des *Bourgeois à la mode*, une des plus importantes après celle du *Chevalier*, continue de développer ces caractères peu scrupuleux. Dans cette pièce, on voit deux femmes qui, ne pouvant plus arracher d'argent à leurs époux, choisissent chacune pour caissier le mari l'une de l'autre, et le paient d'espérances trompeuses. Ces deux imbéciles maris, croyant satisfaire les caprices de leurs maîtresses futures, font honneur, sans s'en douter, aux dettes de leurs femmes, qu'ils ne voulaient pas acquitter. Coquettes, galantes, dépensières, glorieuses, telles sont les héroïnes de Dancourt. « Où allez-vous donc, dit Lisette à Angelique qui sort ? — Je vais dépenser de

l'argent puisque j'en ai, répond Angélique tout naturellement.
—Que fait ordinairement votre chevalier, dit quelqu'un à la marquise de la *Gazette*, petite comédie très-spirituelle?—Il ne fait rien, monsieur, il vit de ses rentes, répond la marquise. Pas plus de mystère que cela ! La marquise est du genre de ces femmes que les enfans de famille, les jolis hommes du temps, appelaient des *Dames de la Providence*. Toutes les femmes de Dancourt sont taillées sur le patron de ces bourgeoises ou de ces marquises. A toutes on peut appliquer ces jolies paroles d'Angélique dans la *Folle enchère : Les femmes du monde raisonnent-elles? Il n'y a que de l'étoile et du caprice dans tout ce qu'elles font*. On n'est pas plus décidé, et l'on ne s'explique pas plus clairement que ces légères personnes. Sont-elles gênées d'un sermoneur incommode ou d'un amant qu'il est urgent de mettre de côté, elles s'écrient franchement avec Henriette, du *Retour des officiers :* « Je voudrais qu'il eût quatre pieds d'eau par dessus la tête. » Il faut voir comme elles conservent long-temps leurs prétentions à la jeunesse ; n'allez pas dire à Mme Argante qu'elle est sur le retour et qu'elle a un fils, *coquin de fils de trente-cinq ans*, coquin, justement à cause de son âge. Ecoutez ce qu'elle raconte à Lisette, après avoir vu ce fils avec le petit comte dont elle ambitionne les hommages.

Madame Argante.— Mon coquin de fils était avec lui.

Lisette.—· Quoi! madame, est-ce qu'ils se connaissent ?

Madame Argante.—Je ne crois pas ; Eraste aura su que nous nous aimons : il va lui faire cent sots contes de moi.

Lisette.—Oh ! madame, il a trop de respect....

Madame Argante. — Lui! du respect! C'est un petit dénaturé qui ne veut pas que je me marie.

Lisette. — Le petit ridicule !

Madame Argante. — Il porte exprès des perruques brunes,

et il dit partout qu'il a trente-cinq ans, pour m'empêcher d'être aussi jeune que je le suis.

LISETTE. — Le méchant esprit! il n'en a pas encore vingt, je gage?

MADAME ARGANTE. — Assurément, il ne les a pas; et quand je le fis, j'étais si jeune, si jeune, que c'est un miracle que je l'aie fait.

Voilà bien la femme de cinquante ans.

On voit qu'il ne manque aucun ridicule à cette honorable compagnie. Vieilles ou jeunes, elles ne vivent que d'intrigues, et, dans la *Parisienne*, une petite fille que l'on croit innocente se ménage trois amans. Ce sont là les Parisiennes du temps de Dancourt!

L'*Été des Coquettes*, le *Retour des Officiers*, et quelques autres pièces de Dancourt peignent un côté des mœurs du siècle de Louis XIV. On faisait la guerre tous les étés, et, après la campagne, les officiers rentraient à Paris. Le triomphe des gens de robe et de finance avait lieu l'été, mais il fallait céder le pas aux gens d'épée dès que les feuilles des Tuileries commençaient à tomber. Aux brillans officiers appartenaient les promenades des belles journées d'hiver. Il n'était plus permis à un partisan ni à un conseiller de donner le bras à une femme à la mode : elle aurait été déshonorée. Les héros qui revenaient de l'armée faisaient la conquête de tous les cœurs. Il n'en restait pas un aux pauvres citadins jusqu'au printemps nouveau, époque du départ des militaires. Chacun avait sa saison. Les coquettes divisaient leurs amans en galans d'été et galans d'hiver; mais, malgré cette sage précaution, elles s'ennuyaient mortellement pendant la première saison.

Nous ne tracerons pas, d'après Dancourt, le caractère du financier; Lesage, contemporain de notre auteur, s'est chargé de ce portrait dans sa pièce de *Turcaret*, et il l'a fait de main de maître. Ces gens d'affaires placés entre le roi et la nation pour commettre sur les bourses particulières toutes sortes d'exactions, vraies sangsues gonflées du sang du peuple ; ces loups cerviers d'alors ont été dépeints par Lesage avec une force et une vérité qui ont fait de sa pièce un chef-d'œuvre de notre répertoire comique. *Turcaret* et le *Chevalier à la mode* sont les deux ouvrages qui, avec l'*Ecole des Bourgeois*, approchent le plus de Molière. Lorsque Dancourt, en 1712, envoyait les vers suivans à Monseigneur de Mortemart, premier gentilhomme de la chambre du roi, il oubliait que Lesage avait donné *Turcaret* en 1709.

> Près du public, je tâche à trouver grace,
> C'est son goût qui forme le mien;
> Comme il lui plaît, j'ajoute, change, efface
> Dans tout ce que j'écris, et je me trouve bien
> De ne m'écarter point du chemin qu'il me trace;
> Trop heureux si par ce moyen,
> Quand Molière est assis le premier au Parnasse,
> Je pouvais prendre, un jour, mon rang si près du sien,
> Qu'entre nous deux aucun autre n'eût place.

Lesage s'était déja glissé entre Molière et Dancourt; et l'auteur du *Chevalier à la mode*, abandonnant bientôt la partie, n'a pas triomphé de son adversaire : Lesage est resté plus près de Molière que de lui.

Les robins ne sont pas plus flattés que les traitans, et le vice de la vénalité des charges de la magistrature, que Beaumarchais attaquera plus tard si vigoureusement, est mis à découvert avec beaucoup d'originalité. Le conseiller *des Baliveaux*, du *Retour des Officiers*, fait pressentir *Bridoison*. La justice avait perdu cette antique vénération que son impartialité lui avait obtenue. Elle prêtait l'oreille aux sollicitations. Aussi Mme Patin, en colère, dit-elle à M. Mignaud, son adorateur :

« En vérité, monsieur, je ne vois pas la raison qui vous oblige, lorsque je vous en prie, de vouloir refuser de donner un bon tour à une méchante affaire. Eh ! fi, monsieur ! il semble que vous ayez encore la pudeur d'un jeune conseiller. » La *pudeur d'un jeune conseiller* est un trait charmant.

Les valets, personnages si importans de notre vieille comédie, sont tous aussi fripons que leurs maîtres. Ils ont l'esprit subtil, la réplique vive, la main ouverte pour recevoir, et très-souvent prompte à se payer elle-même ; il est rare que ces messieurs n'aient pas fait quelque expédition en mer sur les galères du roi par suite d'un mal-entendu avec la justice. Dans le ricochet des fourberies qui suit le mouvement de ce monde-là, ils attrapent toujours de bonnes aubaines ; ils n'attendent que l'occasion de s'écrier comme le Frontin de Lesage : *Le règne des Turcaret finit, le nôtre va commencer !*

Dancourt, dans cette galerie de fripons, ne pouvait pas oublier les charlatans, ces agioteurs de bas étage qui se fondent un revenu sur la niaiserie publique. Dans la *Loterie*, il a saisi ce caractère avec beaucoup de vigueur. Sbrigani est le type de ces aventuriers qui dupent le public, et que le théâtre a si souvent représentés depuis. Voici en quels termes Sbrigani explique son industrie et en relève les avantages. On va reconnaître la franchise qui caractérise tous les personnages de Dancourt.

LISETTE : Votre Pétronillo est un hardi fripon, mais je crains les suites.

SBRIGANI : Bon ! les suites ! je connais mon monde ; va, ne te mets pas en peine. Entre nous, Lisette, partout ailleurs qu'en ce pays-ci, je ne risquerais pas une chose comme celle-là : mais à Paris il n'y a rien à craindre ; ce sont des gens glorieux pour la plupart, qui ne se plaignent jamais d'être dupes, pour éviter la honte de l'avoir été. Les moins attrapés se moqueront de ceux qui le seront davantage ; et ceux qui ne l'auront point été du tout me sauront gré d'avoir dupé les autres.

Les Parisiens n'ont pas beaucoup changé depuis ce tableau

de Dancourt. Ce sont encore les gens qui ne *se plaignent jamais d'être dupes* ; il est vrai qu'ils le sont si souvent, qu'on ne s'entendrait plus si tout le monde se plaignait. La tranquillité publique serait troublée par ces lamentations, et l'on se croirait transporté avec les Israélites sur les bords des fleuves de Babylone. Leur destinée est d'être dupes, et ils la remplissent avec une conscience digne d'un meilleur sort.

Comme ce sont les mœurs du temps qu'in nous importe d'étudier, nous continuerons de présenter une esquisse des caractères retracés par Dancourt, au lieu de nous livrer à ces critiques d'analyse qui suivent une première représentation, et dont il n'est pas besoin vis-à-vis d'auteurs placés aux premiers rayons de toutes les bibliothèques.

Le premier personnage qui tombe sous notre main est un poète envieux du succès des autres, comme il y en a eu de tout temps ; c'est la médiocrité jalouse que Molière avait déjà dépeinte sous les traits de Lycidas dans sa délicieuse critique de l'*Ecole des femmes*.

Le poète de Dancourt ne veut pas qu'on le siffle. Il destine un placet au roi pour faire réformer cet abus : il se nomme M. de la Protasse ; son costume délabré rappelle celui du poète des satires de Régner. La plupart des auteurs qui ne vivaient pas dans la familiarité de la cour étaient pauvres et fort mal vêtus ; le génie même de Corneille ne sauva pas de la misère l'auteur de tant de chefs-d'œuvre. Ne sait-on pas qu'un chaussetier, assis devant sa boutique et voyant Corneille passer, lui dit un jour sans le connaître : *Mon brave homme, vous avez un bas troué, voulez-vous que je vous le raccommode ?* Nos poètes, mieux rétribués de leurs œuvres, se font remarquer par leur tenue élégante et recherchée ; ils ne sont guère exposés à de compatissantes mais cruelles observations de la oart des chaussetiers. Nous ne leur contestons pas cette supériorité sur Corneille.

M. de la Protasse vient voir Mme Thibault, que Dancourt

appelle une *femme d'intrigues*, et qui se mêle en effet de toutes sortes d'affaires équivoques. La scène s'engage entre la servante Gabrillon et le poëte sifflé ; elle est écrite de ce style vif et franc qui est celui de Dancourt.

M. DE LA PROTASE : Peut-on voir Mme Thibault ?

GABRILLON : Elle est empêchée.

M. DE LA PROTASE : J'aurais bien voulu lui parler.

GABRILLON : Pour quelque bonne rencontre peut-être ?

M. DE LA PROTASE : Pour qui me prenez-vous ?

GABRILLON : Monsieur !

M. DE LA PROTASSE : Savez-vous que vous parlez au premier homme du monde pour le dramatique, à un bel esprit, à un auteur du premier ordre !

GABRILLON : Vous êtes un bel esprit, monsieur ! Oh ! je ne m'étonne plus de vous voir si déguenillé : un habit en lambeaux est le juste-au-corps à brevet du Parnasse.

M. DE LA PROTASE : Ce que vous dites là ne sont pas des vers à la louange de la fortune ; néanmoins, il n'est que trop vrai que c'est assez d'être bel esprit pour être mal avec elle.

GABRILLON : Oh ! sur ce pied-là, il faut que vous soyez plus bel esprit qu'un autre, car il paraît qu'elle vous traite plus mal que pas un. J'ai bien vu des auteurs ; mais tout franc, je n'en ai point encore vu d'aussi mal reliés que vous.

M. DE LA PROTASE : Patience !

GABRILLON : Pourtant, à le bien prendre, il vous en devrait coûter moins qu'à qui que ce soit, car votre taille ne peut passer tout au plus que pour un in-douze.

M. DE LA PROTASE : Laissez faire, si je puis parvenir à mettre sur le théâtre une pièce sans être sifflée, on me verra aussi bien étoffé qu'un autre.

Gabrillon : Comment, sifflée ?

M. de la Protase : J'ai ce malheur-là : je fais les meilleures pièces du monde, elles charment tous ceux à qui je les lis; mais à peine ont-elles passé dans la bouche des comédiens, qu'on les siffle à faux bourdon.

Gabrillon : Il y a certaines pièces comme cela que les représentations gâtent. Si j'étais de vous, puisqu'elles réussissent sur le papier, je me ferais apporter un fauteuil, et je les lirais moi-même en plein théâtre.

M. de la Protase : J'ai un bien meilleur expédient que cela.

Gabrillon : Qui est?

M. de la Protase : D'aller directement au roi.

Gebrillon : Au roi?

M. de la Protase : Oui-dà, au roi ; ce n'est point son intention qu'on siffle personne, et c'est dans cette vue là que je viens faire un accommodement avec ta maîtresse. Elle connaît toute la cour. Voici un placet : qu'elle le fasse présenter par qui elle voudra, et je lui promets un quart de part dans toutes les pièces qu'on jouera dorénavant de moi, et où l'on ne sifflera pas.

Gabrillon : Voilà pour elle un profit tout clair. Un placet! pourrait-on en avoir lecture ?

M. de la Protase : Pourquoi non ? Il n'est fait que pour être lu. Nous verrons, nous verrons, messieurs du parterre, si vous sifflerez à l'avenir les auteurs et les comédiens, comme on siffle les linottes et les perroquets. *Placet au Roi.* Comme je ne puis faire pour moi que je ne fasse en même temps pour tous les autres poètes mes confrères , j'ai trouvé qu'il était à propos d'adresser mon placet au nom de toute la communauté des auteurs, de Paris s'entend.

Gabrillon : Oh ! c'est l'entendre !

M. DE LA PROTASE :

AU ROI.

« SIRE,

» Les auteurs modernes et dramatiques, tant en vers qu'en
» prose, de votre bonne ville et faubourgs de Paris, remon-
» trent très-humblement à Votre Majesté qu'après avoir sa-
» crifié leurs soins et leurs veilles aux plaisirs du public, leur
» zèle est tous les jours mal reconnu par certains quidams
» indiscrets, qui, de dessein prémédité, se transportent jour-
» nellement aux lieux où lesdits auteurs font représenter
» leurs ouvrages avec des apeaux à perdrix, des sifflets de
» chaudronniers et autres armes offensives, desquelles ils
» chargent sans miséricorde tout ce qui ose paraître d'acteurs
» sur le théâtre, avec tant de fureur, que le comédien le plus
» intrépide est souvent contraint de lâcher pied et de se re-
» tirer le cœur meurtri et tout percé de coups de sifflets. »

GABRILLON : Malpeste ! voilà un style bien concis.

M. DE LA PROTASE : Toutes mes pièces étaient écrites de
cette locution-là.

GABRILLON : Et on les sifflait ?

M. DE LA PROTASE : Ecoutez, écoutez ceci.

« Ah ! Sire, souffrirez-vous que le théâtre, qui est le sym-
» bole de la joie, devienne celui de la douleur ! Je ne doute
» point, Sire, que les ennemis de la science représentent à
» Votre Majesté que nous exigeons d'elle une chose impossi-
» ble ; c'est qu'il est naturel au parterre de siffler, comme à
» nous de parler. Je n'ignore pas plus qu'eux, Sire, que
» Pline le naturaliste, dans son *Traité des Animaux*, au cha-
» pitre du mouvement vocal, dit que l'homme parle, que le
» cerf brame, que le lion rugit, que le taureau beugle, que
» le cheval hennit, que l'âne brait et que le parterre siffle :
» je sais dire tout cela comme eux, Sire ; mais Votre Majesté

» fait tous les jours des choses si incroyables, que nous
» osons espérer... etc. »

Gabrillon : Oh ! pour le coup, voilà les siffleurs pris pour
dupe et les marchands de sifflets ruinés.

Il faut l'avouer, un changement notable s'est opéré dans
la nature du parterre. Autrefois il sifflait, actuellement il
s'enroue de bravos, et pourtant Dieu sait que bien souvent
on lui donne belle matière pour déployer dans tout son éclat
cette qualité organique, qu'au dire de M. de la Protase les
naturalistes lui ont reconnu. A mesure que la valeur des pièces a diminué on s'est étudié à perfectionner le succès ; nous
ne savons trop à la rigueur s'il existe encore un parterre. Une
première représentation est d'ordinaire une fête de famille ,
à laquelle le petit nombre d'étrangers qui y sont admis auraient mauvaise grace de trouver quelque chose à redire. A
la grande satisfaction des Protases nouveaux, le public sif-
fleur a disparu du théâtre ; cette vieille maladie du parterre,
comme la lèpre, ne défigure pas la civilisation de notre époque : s'il arrive qu'un intrus se glisse dans le parterre et
manifeste à l'ancienne façon quelque mécontentement, on se
croit en droit de le chasser d'une salle bien composée ; on le
jette à la porte sans façon, ainsi qu'un homme de mauvaise
compagnie. On lui inculpe quelquefois, même à coups de
poings, les principes nouveaux de la littérature.

Le caractère de femme d'intrigue, sans être passé de mode,
n'a plus autant d'importance que du temps de Dancourt. Les
femmes avaient alors une grande influence sur les affaires du
gouvernement, comme dans tout état qui repose sur l'arbi-
traire, et non sur des règles invariables, sur la hiérarchie des
droits. On retrouve à chaque instant, chez notre auteur, des
preuves de cette puissance secrète des femmes, laquelle fit
plus tard la haute et scandaleuse fortune de Mme de Pompa-
dour et de Mme Dubarry.

Ecoutez parler *Maugrebleu*, ce mauvais sujet de dragon des *Vacances* : « Il n'est, morbleu, rien de tel pour faire fortune que le canal des femmes ; et combien de grands officiers seraient très subalternes s'ils n'avaient eu de jolies sœurs et de jolies cousines ! »

Cette autorité des femmes, qui se manifesta sans pudeur dans le courant du dix-huitième siècle, était le fruit des galanteries de Louis XIV. En vain le vieux roi chercha à revenir sur les licences de sa jeunesse en cachant ses dernières amours avec Mme de Maintenon. Son hypocrisie religieuse n'arrêta pas les progrès du vice. Jetez un lambeau de pourpre sur un cadavre, vous n'empêcherez pas la corruption. Il en était ainsi de cette vieille société. La contagion des mœurs répandit dans l'air des émanations si malfaisantes, qu'il fallut la foudre et l'orage de la fin du 18e siècle pour épurer le ciel.

Nous avons vu Dancourt aux prises avec les grandes dames insolentes, les bourgeoises vaniteuses, les chevaliers fripons, les jeunes officiers galans et les coquettes légères. Toujours il a tracé heureusement les figures qu'il a voulu dessiner. Son esprit mobile était comme un miroir où la société se reproduisait sous toutes ses faces. Il est un monde qu'il a peint de main de maître, et dont nous n'avons pas encore parlé. Personne n'a su prêter aux paysans un langage plus vrai, et n'a mieux caractérisé cette finesse mêlée de bon sens qui perce sous une enveloppe grossière. Il affectionnait particulièrement cette étude dans laquelle il réussissait si bien ; mais les gens de la *cour* ne lui pardonnaient pas de si basses inclinations. La *ville* seule riait de ses naïfs et spirituels tableaux. Dancourt, imitant encore cette fois Molière, s'est défendu dans le prologue des *Trois cousines*, contre les critiques qu'on lui adressait. Cette scène est piquante ; elle a lieu entre un baron, un chevalier et deux aimables dames, dans une loge du théâtre, en attendant la représentation des *Trois cousines*. Dancourt lui-même est sur le tapis.

Bélinde : Vous le voyez souvent, monsieur le chevalier ?

Le chevalier : Si je le vois, madame ? je travaille avec lui. Quand il a quelque ivrogne à mettre, c'est ordinairement moi qui sert de modèle. Oh ! ce garçon-là copie bien d'après nature. Il a besoin, dans une pièce qu'il fait, d'un caractère de nigaud, de fat, d'imbécille ; je veux lui donner ta connaissance, baron, cela lui fera plaisir, sur ma parole : il a peine à trouver de nouveaux caractères.

Ménone. —Hé ! le moyen qu'il n'en ait pas ? C'est un homme qui ne lit jamais, à ce qu'on dit.

Le Chevalier. — Oh ! pour cela ce n'est pas sa faute, il n'a pas le temps ; nous sommes toujours à table : et puis, pour les bagatelles qu'il fait, dit-il, il n'a besoin que du livre du monde : il y sait lire, il le connaît, il pille là-dedans comme tous les diables.

Le Baron. —Qu'il fasse donc voir quelque chose de nouveau, et qu'il ne tourne pas autour de lui-même comme sur un pivot. Toujours des procureurs, des bourgeoises ridicules, des nigauds, des paysans, des meuniers, des meunières ; cet homme-là est né pour le moulin, il ne peut le quitter.

Le Chevalier. —Oh ! parbleu, M. de Fonseq, je vous y prends ; vous êtes un rude joueur, c'est vous qui avez fait le quatrain qui court contre lui.

Le baron : Moi ! point du tout.

Le chevalier : Oh ! si fait, si fait, vous êtes modeste, ne vous en défendez pas. Ce quatrain-là n'est pas trop mauvais : il ferait déshonneur à tout autre ; mais il est joli pour vous, je vous en réponds.

Ménone : Hé ! que dites-vous de ce quatrain, monsieur le chevalier ?

Le chevalier : Le voici, madame, je l'ai dans ma poche ; car dans ma mémoire, je ferais scrupule de l'y mettre.

> Le public est fou, Dieu me damne,
> De trouver à l'auteur un esprit drôle et fin,
> Ce n'est qu'un ignorant, je le garantis âne,
> Puisqu'il est toujours au moulin.

Un esprit drôle et fin ! Cela est bien écrit au moins, mesdames. Et que dites-vous de la chûte, elle est piquante, n'est-ce pas ?

BELINDE : Ah ! toute charmante, toute amoureuse. *Je le garantis âne,* la jolie tournure de phrase ! la jolie tournure de phrase !

MÉNONE : Elle est vive, je l'avoue. Et que dit le pauvre auteur de ce quatrain-là ? Il est bien fâché ?

LE CHEVALIER : Lui, point du tout ; il s'en moque, il s'en divertit.

Ce sont les jolies pièces *le Moulin de Javelle, le Mari retrouvé,* les *Vendanges,* et surtout les *Trois Cousines,* qui avaient attiré à Dancourt ces lourdes railleries dont il se divertissait. Il n'en continua pas moins à animer la scène de ces heureuses et comiques créations de paysans madrés ; enfin il dut fermer la bouche à ses détracteurs par la composition du *Galant Jardinier,* l'une des plus charmantes pièces, petit chef-d'œuvre de grâce et de fraîcheur, qui ressemble presque aux jolis proverbes de M. Alfred de Musset.

Cette pièce est fondée sur le déguisement d'un amant en jardinier, et Destouches, dans la *Fausse Agnès,* paraît avoir emprunté ce ressort à Dancourt ; une scène plaisante de bégaiemens a peut-être fourni aussi à Beaumarchais l'idée de son Bridoison. Deux personnages affligés du même embarras de prononciation se rencontrent, sans se connaître, et chacun d'eux se figurant que son interlocuteur se moque de lui, ils finissent par entrer dans une grande colère, jusqu'à ce qu'une certaine Marton, malicieuse fille ait l'obligeance de leur apprendre qu'ils n'ont de reproche à faire qu'à la nature.

On ne joue plus guère de Dancourt que *le Chevalier à la Mode* (encore ne le joue-t-on pas souvent); et pourtant comme ses jolies pièces égaieraient, en le variant, le répertoire du Théâtre-Français ! *Les Bourgeoises à la Mode, le Galant Jardinier, la Parisienne, l'Été des Coquettes, les Fêtes du Cours, le Vert Galant, la Maison de Campagne,* renferment des traits charmans; toutes ont un sujet comique vivement développé.

Nous avons remarqué dans *les Fêtes du Cours* une intrigue de bal masqué conduite avec beaucoup de charme et de naturel. Quoiqu'on ait prodigué, depuis quelques années, les scènes de ce genre, celles de Dancourt sont remplies de tant de grace, qu'elles offriraient à coup sûr un attrait nouveau. Nous trouvons là, du moins, ce qui est rare chez notre auteur, un amant honnête, et qui ne peut être accusé que d'inconséquence du cœur. Cet amant se fait du reste son procès à lui-même dans un monologue charmant. Voici sa confession : « Je n'ai jamais fait de partie dont je me sois promis si peu de plaisir que celle-ci. Je suis vraiment amoureux de Célide sans être fort sûr d'en être aimé. J'ai à combattre un homme riche, aimable, Damon, qu'elle estime et qui mérite d'être heureux ; et dans cette situation, je fais une partie au Cours avec des coquettes de profession qui m'aiment peu, que je n'estime guère. Pourquoi le fais-je ? si j'en sais rien que la peste m'étouffe ! Sottise de jeune homme ; air ridicule de bonne fortune ; pure impertinence ; envie de donner matière à parler. On parlera ; je chagrinerai Célide ; j'enragerai : il faudra des éclaircissemens. L'agréable amusement que je me fais-là ! Ma foi, à commencer de compter par moi-même, la plupart des jeunes gens d'aujourd'hui sont de ridicules personnages. »

Qui ne s'est pas dit cela plusieurs fois ? qui ne s'est trouvé dans ces positions où l'ennui, l'étourderie, la dissipation, entraînent à des démarches qu'une voix secrète condamne au fond de la conscience! Dans ces bals masqués, dans ces fêtes tournoyantes, où les yeux des femmes brillent d'un éclat si vif à travers leurs meurtrières de velours ou de satin, qui n'a cherché, comme Clitandre, des regards aimés, et ne s'est attristé de rencontrer à chaque pas la coquetterie à la place de l'amour.

La petite pièce du *Vert Galant*, que nos modernes vaudevillistes ont oubliée, est très-amusante, et elle indique un point délicat dans les mœurs du temps. C'était chez les baigneuses qu'on allait en bonne fortune. Les rendez-vous se donnaient dans leurs discrets établissemens. M. Tarif, que son voisin, M. Jérôme, surprend chez lui faisant la cour à sa femme, tout pimpant et tout coquet, prétend, à l'arrivée du mari, qu'il va chez le baigneur voisin, implorer les faveurs d'une autre dame ; mais M. Jérôme, qui sait à quoi s'en tenir, ne le lâche pas ainsi. Au mot de baigneur, il lui vient une idée bizarre. Comme il est teinturier de son état, et qu'il dispose de cuves d'eau de toutes les couleurs, il fait plonger M. Tarif dans une préparation du plus beau vert, et le malheureux en ressort avec trois couches de peinture sur la peau. C'est ainsi qu'on lui épargne les frais du baigneur.

La *Maison de Campagne* retrace d'une manière originale les désagrémens de demeurer aux environs de Paris, et d'être exposé aux visites continuelles de ses amis. Le pauvre M. Bernard est si fatigué de ces descentes quotidiennes qu'on fait chez lui, qu'il prend parti, pour éviter cette ruineuse compagnie, d'incruster une vieille épée toute rouillée et entourée de lierre au-dessus de la porte de sa maison de campagne, et de griffonner au-dessus de cet emblème, avec un gros charbon : *A l'Epée royale, bon logis à pied et à cheval.....* M. Bernard pense qu'on regardera deux fois avant d'entrer dans une auberge de si belle apparence, où l'on ne peut manquer de payer fort cher.

On sait que le *Mari retrouvé* est fondé sur le procès d'un certain Lapivardière qui, s'étant mystérieusement éloigné de sa femme, afin de vivre avec une autre, apprit que la première était soupçonnée de l'avoir fait périr, et reparut pour la relever de ce crime, mais sans que la justice voulût d'abord reconnaître son identité.

Les *Vendanges* et l'*Impromptu de Suresne* semblent essayer de prouver l'excellence du vin de Suresne. Il se peut que ce vin fût alors très-agréable au goût, mais nous pouvons affirmer qu'il a singulièrement dégénéré.

Bien que Dancourt ait sacrifié les robins, les financiers, les bourgeois, aux officiers et aux gentilshommes, on trouve en cent endroits de ses pièces les preuves de la décadence de la noblesse. L'aristocratie de l'or commençait à poindre ; elle préludait par l'intrigue, qui en est la base. Dans le *Prix de l'Arquebuse*, Dorante dit à son ami Bracassaks : « Et tu songes à donner ta sœur, une demoiselle de la maison de Bracassaks, à un homme de fortune, à un prévôt de petite ville ? Quelle mésalliance ! Pour nous autres Parisiens, encore passe ; mais un gentilhomme de la Garonne ! « Dans les *Curieux de Compiègne*, petite comédie faite pour apprendre aux bourgeois à ne pas visiter le camp, et pour prouver la suprématie de l'armée, on rencontre ce trait excellent : « Le père est un fripon, mais la fille est un bon parti. Ces sortes de mariages ne sont pas sans exemple. » Je laisse le lecteur à décider si un pareil exemple est encore suivi, et si ce bel axiome a cours dans le dix-neuvième siècle.

La poésie n'est pas le côté fort de Dancourt, et ses pièces en vers, ainsi que ses poëmes lyriques, ne valent guère la peine d'être lus. N'offrant aucune critique de mœurs, ils sont pour nous sans intérêt. L'auteur y attachait une grande importance ; il fondait sur elles l'espérance de sa réputation à venir : cependant il n'a vécu que pour les pièces qu'il regardait comme des bagatelles. Beaucoup d'auteurs se trompent ainsi sur la vocation de leur talent, et parviennent à la postérité, presque sans s'en douter, par des chemins de traverse.

Le buste de Dancourt, que l'on voit dans la galerie du Théâtre-Français, quoiqu'il n'ait été exécuté par J. Foucou qu'en 1782, fait présumer sa ressemblance si l'on consulte la phrénologie : ces traits, en les débarrassant d'un peu de lourdeur, et en donnant quelque mobilité à la physionomie, ne démentiraient pas le caractère de Dancourt. Ce front à surface plane ne semble-t-il pas comme un miroir où se sont reflétées fidèlement les mœurs du temps dans lequel l'auteur a vécu; et le bas de la figure, empreint d'une certaine sensualité, ne peint-il pas assez bien la voluptueuse insouciance d'un homme qui ne vit point dans la comédie un moyen de réformer ses semblables, mais qui ne se proposa d'autre but que de les amuser?